手把手教你学预算

园林工程

李利鸿 主编

中国铁道出版社

2013年·北京

内 容 提 要

　　本书以实际需求出发,以面广、实用、精练、方便查阅为原则,以最新现行国家标准和行业标准为主要依据编写,是能反映当代建筑工程工程量清单计量计价的书籍。第一部分是工程计量,其主要内容包括:园林绿化工程,园路、园桥、假山工程,园林景观工程。第二部分是工程计价,其主要内容包括:建筑工程造价构成、建设工程计价方法及计价依据。第三部分的主要内容是综合计算实例。

　　本书可作为工程预算管理人员和计量计价人员的实际工作指导书,也可以作为大中专院校和培训机构相关专业师生的参考书。

图书在版编目(CIP)数据

园林工程/李利鸿主编 . —北京:中国铁道出版社,2013.10
(手把手教你学预算)
ISBN 978-7-113-17114-8

Ⅰ. ①园… Ⅱ. ①李… Ⅲ. ①园林—工程施工—建筑
预算定额 Ⅳ. ①TU986.3

中国版本图书馆 CIP 数据核字(2013)第 181149 号

书　　名:	手把手教你学预算 **园林工程**	
作　　者:	李利鸿	
策划编辑:	江新锡　　陈小刚	
责任编辑:	王　健	**电话**:010-51873065
封面设计:	郑春鹏	
责任校对:	龚长江	
责任印制:	郭向伟	

出版发行:中国铁道出版社(100054,北京市西城区右安门西街8号)
网　　址:http://www.tdpress.com
印　　刷:北京海淀五色花印刷厂
版　　次:2013年10月第1版　　2013年10月第1次印刷
开　　本:787 mm×1 092 mm　1/16　印张:11.25　字数:286 千
书　　号:ISBN 978-7-113-17114-8
定　　价:28.00 元

前　言

2012 年 12 月 25 日,中华人民共和国住房和城乡建设部发布了国家标准《建设工程工程量清单计价规范》(GB 50500—2013)和《房屋建筑与装饰工程工程量计算规范》(GB 50854—2013)、《仿古建筑工程工程量计算规范》(GB 50855—2013)、《通用安装工程工程量计算规范》(GB 50856—2013)、《市政工程工程量计算规范》(GB 50857—2013)、《园林绿化工程工程量计算规范》(GB 50858—2013)、《矿山工程工程量计算规范》(GB 50859—2013)、《构筑物工程工程量计算规范》(GB 50860—2013)、《城市轨道交通工程工程量计算规范》(GB 50861—2013)、《爆破工程工程量计算规范》(GB 50862—2013)等 9 本计量规范(简称"13 规范"),此套规范替代《建设工程工程量清单计价规范》(GB 50500—2008)(简称"08 规范"),并于 2013 年 7 月 1 日开始实施。

"13 规范"与"08 规范"相比,主要有以下几点变化。

(1)为了方便管理和使用,"13 规范"将"计价规范"与"计量规范"分列,由原来的一本变成了现在的十本。

(2)相关法律等的变化,需要修改计价规范。例如《中华人民共和国社会保险法》的实施;《中华人民共和国建筑法》关于实行工伤保险,鼓励企业为从事危险作业的职工办理意外伤害保险的修订;国家发展改革委、财政部关于取消工程定额测定费的规定等。

(3)"08 规范"中一些不成熟条文经过实践,有的已经形成共识,如计价风险分担、物价波动的价格指数调整、招标控制价的投诉处理等,需要进入计价规范正文,增大执行效力。

(4)有的专业分类不明确,需要重新定义划分,"13 规范"增补"城市轨道交通"、"爆破工程"等专业。

(5)随着科技的发展,为了满足计量、计价的需要,应增补新技术、新工艺、新材料的项目,同时,应删除技术规范已经淘汰的项目。

(6)对于个别定义的重新规定和划分。例如钢筋工程有关"搭接"的计算规定。

为了推动"13 规范"的实施,帮助造价工作人员尽快了解和掌握新内容,提高实际操作水平,我们特别组织了有着丰富教学经验的专家、学者以及从事造价工作的造价工程师依据"13 规范"编写了《手把手教你学预算》系列丛书。

本丛书分为:《安装工程》;《房屋建筑工程》;《装饰装修工程》;《市政工程》;《园林工程》。

　　本丛书主要从工程量计算和工程计价两方面来叙述,内容紧跟"13 规范",注重与实际相结合,以例题的形式将工程量计算等相关内容进行了系统的阐述。具有很强的针对性,便于读者有目标的学习。

　　本丛书的编写人员主要有李利鸿、赵洪斌、尚晓峰、张新华、孙占红、李志刚、宋迎迎、张正南、武旭日、王林海、赵洁、叶梁梁、张凌、乔芳芳、张婧芳、李仲杰、李芳芳、王文慧等。

　　由于水平有限,加之编写时间仓促,书中的疏漏在所难免,敬请广大读者指正。

编　者

2013 年 6 月

目　　录

第一部分　工程计量

第二部分　工程计价

第三部分　综合计算实例

第一部分　工程计量

第一章　园林绿化工程

第一节　绿化工程

一、清单工程量计算规则（表 1-1-1）

表 1-1-1　绿化工程工程量计算规则

项目编码	项目名称	项目特征	计量单位	工程量计算规则	工程内容
050101001	砍伐乔木	树干胸径	株	按数量计算	1. 砍伐 2. 废弃物运输 3. 场地清理
050101002	挖树根（蔸）	地径			
050101003	砍挖 灌木丛及根	丛高或蓬径	1. 株 2. m²	1. 以株计量，按数量计算 2. 以平方米计量，按面积计算	1. 挖树根 2. 废弃物运输 3. 场地清理
050101004	砍挖竹及根	根盘直径	株（丛）	按数量计算	
050101005	砍挖芦苇（或其他水生植物）及根	根盘丛径	m²	按面积计算	
050101006	清除草皮	草皮种类			1. 除草 2. 废弃物运输 3. 场地清理
050101007	清除地被植物	植物种类			1. 清除植物 2. 废弃物运输 3. 场地清理
050101008	屋面清理	1. 屋面做法 2. 屋面高度		按设计图示尺寸以面积计算	1. 原屋面清扫 2. 废弃物运输 3. 场地清理

项目编码	项目名称	项目特征	计量单位	工程量计算规则	工程内容
050101009	种植土回(换)填	1.回填土质要求 2.取土运距 3.回填厚度 4.弃土运距	1. m³ 2. 株	1. 以立方米计量,按设计图示回填面积乘以回填厚度以体积计算 2. 以株计量,按设计图示数量计算	1.土方挖、运 2.回填 3.找平、找坡 4.废弃物运输
050101010	整理绿化用地	1.回填土质要求 2.取土运距 3.回填厚度 4.找平找坡要求 5.弃渣运距	m²	按设计图示尺寸以面积计算	1.排地表水 2.土方挖、运 3.耙细、过筛 4.回填 5.找平、找坡 6.拍实 7.废弃物运输
050101011	绿地起坡造型	1.回填土质要求 2.取土运距 3.起坡平均高度	m³	按设计图示尺寸以体积计算	1.排地表水 2.土方挖、运 3.耙细、过筛 4.回填 5.找平、找坡 6.废弃物运输
050101012	屋顶花园基底处理	1.找平层厚度、砂浆种类、强度等级 2.防水层种类、做法 3.排水层厚度、材质 4.过滤层厚度、材质 5.回填轻质土厚度、种类 6.屋面高度 7.阻根层厚度、材质、做法	m²	按设计图示尺寸以面积计算	1.抹找平层 2.防水层铺设 3.排水层铺设 4.过滤层铺设 5.填轻质土壤 6.阻根层铺设 7.运输

二、清单工程量计算

计算实例1 伐树、挖树根,砍挖灌木丛,挖竹根

某住宅小区内有一绿地,如图1-1-1所示,现重新整修,需要把以前所种植物全部更新,绿地面积为 350 m²,绿地中三个灌木丛占地面积为 95 m²,竹林面积为 50 m²,挖出土方量为 30 m³。场地需要重新平整,绿地内为普坚土,挖出土方量为 150 m³,种入植物后还余 35 m³。(1)计算砍伐乔木及挖树根的工程量。(2)计算砍挖灌木丛及根的工程量。(3)计算挖竹及根的工程量。

图 1-1-1 某小区绿地

1—法国梧桐;2—棕榈;3—月季;4—竹子

╠ 工程量计算过程及结果 ╣

(1)法国梧桐的工程量=25 株

　　棕榈的工程量=14 株

(2)月季的工程量=77 株

(3)挖竹根的工程量=58 株

计算实例2 挖芦苇根,清除草皮

例1 某绿地局部示意图,如图1-1-2所示,为了扩建的需要,需将绿地上的植物进行挖掘、清除。(1)计算砍挖芦苇(或其他水生植物)及根的工程量。(2)计算清除草皮的工作量。

图 1-1-2　某绿地局部示意图

1—银杏；2—五角枫；3—白玉兰；4—白蜡；5—木槿；6—紫叶小檗；7—大叶黄杨；8—白三叶及缀花小草

注：芦苇面积约为 10 m²；白三叶及缀花小草面积约为 120 m²。

工程量计算过程及结果

（1）挖芦苇根的工程量＝10.00 m²（丛高 1.6 m）

（2）清除草皮的工程量＝白三叶及缀花小草的面积＝120.00 m²（丛高 0.2 m）

例 2　某绿地整理的局部示意图，如图 1-1-3 所示，包括树、树根、灌木丛、竹根、芦苇根、草皮的清理。（1）计算挖芦苇根的工程量。（2）计算清除草皮的工程量。（已知：芦苇面积约 16 m²，草皮面积为 100 m²）

图 1-1-3　绿地整理局部示意图

1—丁香；2—竹子；3—芦苇；4—红叶李；5—水杉

§ **工程量计算过程及结果** §

(1)挖芦苇根的工程量=16.00 m²(丛高1.8 m)

(2)清除草皮的工程量=100.00 m²(丛高0.15 m)

计算实例3　整理绿化用地

例1　某公园局部植物绿化种植区,如图1-1-4所示,该种植区长55 m,宽32 m,其中竹林的面积为220 m²,计算整理绿化用地的工程量。

图1-1-4　局部植物绿化种植区

1—小叶女贞;2—法国梧桐;3—银杏;4—紫叶李;5—棕榈;

6—海桐;7—大叶女贞;8—竹林

注:绿篱宽度为1.2 m。

§ **工程量计算过程及结果** §

整理绿化用地的工程量=55.00×32.00=1 760.00 m²

例2　已知某房屋底层净面积为250 m²,其中室内外设计标高差为+0.450 m,室内的垫层和面层厚度共为0.15 m,计算整理绿化用地的工程量。

§ **工程量计算过程及结果** §

整理绿化用地的工程量=房屋底层净面积=250 m²

例3　某校区绿化用地示意图,如图1-1-5所示,该地为一个不太规则的绿地(二类土)和两块圆形绿地(二类土),计算整理绿化用地的工程量。

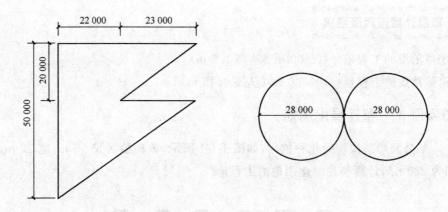

图 1-1-5　某校区绿化用地示意图(单位:mm)

注:整理厚度±20 cm。

〖工程量计算过程及结果〗

整理绿化用地的工程量 $= 50 \times (22+23) - \dfrac{1}{2} \times 23 \times 20 - \dfrac{1}{2} \times (50-20) \times (22+23) +$

$$3.14 \times \left(\dfrac{28}{2}\right)^2 \times 2$$

$$= 2\,575.88 \text{ m}^2$$

计算实例4　屋顶花园基底处理

某屋顶花园平面示意图,如图 1-1-6 所示,计算屋顶花园基底处理工程量。(找平层厚 170 mm,防水层厚 160 mm,过滤层厚 60 mm,需填轻质土壤 170 mm)

图 1-1-6　某屋顶花园平面示意图(单位:mm)

〖工程量计算过程及结果〗

屋顶花园基底处理的工程量 $= (12.6+2.0+0.82) \times 5.2 + 12.6 \times (5.6+2.0) + \dfrac{2 \times 2}{2}$

$$= 177.94 \text{ m}^2$$

第二节 栽植花木

一、清单工程量计算规则(表 1-1-2)

表 1-1-2 栽植花木工程量计算规则

项目编码	项目名称	项目特征	计量单位	工程量计算规则	工程内容
050102001	栽植乔木	1.种类 2.胸径或干径 3.株高、冠径 4.起挖方式 5.养护期	株	按设计图示数量计算	
050102002	栽植灌木	1.种类 2.根盘直径 3.冠丛高 4.蓬径 5.起挖方式 6.养护期	1.株 2.m²	1.以株计量,按设计图示数量计算 2.以米计量,按设计图示种植长度以延长米计算	
050102003	栽植竹类	1.竹种类 2.竹胸径或根盘丛径 3.养护期	株(丛)	按设计图示数量计算	1.起挖 2.运输 3.栽植 4.养护
050102004	栽植棕榈类	1.种类 2.株高、地径 3.养护期	株		
050102005	栽植绿篱	1.种类 2.篱高 3.行数、蓬径 4.单位面积株数 5.养护期	1.m 2.m²	1.以米计量,按设计图示长度以延长米计算 2.以平方米计量,按设计图示尺寸以绿化水平投影面积计算	
050102006	栽植攀缘植物	1.植物种类 2.地径 3.单位长度株数 4.养护期	1.株 2.m	1.以株计量,按设计图示长度以延长米计算 2.以平方米计量,按设计图示尺寸以绿化水平投影面积计算	

项目编码	项目名称	项目特征	计量单位	工程量计算规则	工程内容
050102007	栽植色带	1.苗木、花卉种类 2.株高或蓬径 3.单位面积株数 4.养护期	m²	按设计图示尺寸以绿化水平投影面积计算	1.起挖 2.运输 3.栽植 4.养护
050102008	栽植花卉	1.花卉种类 2.株高或蓬径 3.单位面积株数 4.养护期	1.株(丛、缸) 2.m²	1.以株(丛、缸)计量,按设计图示数量计算 2.以平方米计量,按设计图示尺寸以水平投影面积计算	
050102009	栽植水生植物	1.植物种类 2.株高或蓬径或芽数/株 3.单位面积株数 4.养护期	1.丛(缸) 2.m²	1.以株(丛、缸)计量,按设计图示数量计算 2.以平方米计量,按设计图示尺寸以水平投影面积计算	
050102010	垂直墙体绿化种植	1.植物种类 2.生长年数或地(干)径 3.栽植容器材质、规格 4.栽植基质种类、厚度 5.养护期	1.m² 2.m	1.以平方米计量,按设计图示尺寸以绿化水平投影面积计算 2.以米计量,按设计图示种植长度以延长米计算	1.起挖 2.运输 3.栽植容器安装 4.栽植 5.养护
050102011	花卉立体布置	1.草本花卉种类 2.高度或蓬径 3.单位面积株数 4.种植形式 5.养护期	1.单体(处) 2.m²	1.以单体(处)计量,按设计图示数量计算 2.以平方米计量,按设计图示尺寸以面积计算	1.起挖 2.运输 3.栽植 4.养护

续上表

项目编码	项目名称	项目特征	计量单位	工程量计算规则	工程内容
050102012	铺种草皮	1.草皮种类 2.铺种方式 3.养护期	m²	按设计图示尺寸以绿化投影面积计算	1.起挖 2.运输 3.铺底砂(土) 4.栽植 5.养护
050102013	喷播植草(灌木)籽	1.基层材料种类规格 2.草(灌木)籽种类 3.养护期			1.基层处理 2.坡地细整 3.喷播 4.覆盖 5.养护
050102014	植草砖内植草	1.草坪种类 2.养护期			1.起挖 2.运输 3.覆土(砂) 4.铺设 5.养护
050102015	挂网	1.种类 2.规格		按设计图示尺寸以挂网投影面积计算	1.制作 2.运输 3.安放
050102016	箱/钵栽植	1.箱/钵体材料品种 2.箱/钵外型尺寸 3.栽植植物种类、规格 4.土质要求 5.防护材料种类 6.养护期	个	按设计图示箱/钵数量计算	1.制作 2.运输 3.安放 4.栽植 5.养护

二、清单工程量计算

计算实例1　栽植乔木、灌木、花卉

例1　某公园带状绿地位于公园中央,如图1-1-7所示,长100 m,宽12 m。绿地两边种植中等乔木,绿地中配植了一定数量的常绿树木、花和灌木,丰富了植物色彩。(1)计算栽植乔木的工程量。(2)计算栽植灌木的工程量。

图 1-1-7　公园中央带状绿地

1—瓜子黄杨；2—合欢；3—广玉兰；4—樱花；5—碧桃；6—红叶李；

7—丁香；8—金钟花；9—榆叶梅；10—黄杨球；11—紫薇；12—贴梗海棠

注：带状绿地两边绿篱长 12 m，宽 5 m，绿篱内种植瓜子黄杨。

《工程量计算过程及结果》

(1)合欢的工程量＝18 株

广玉兰的工程量＝4 株

樱花的工程量＝3 株

碧桃的工程量＝3 株

红叶李的工程量＝4 株

(2)丁香的工程量＝8 株

金钟花的工程量＝9 株

榆叶梅的工程量＝4 株

黄杨球的工程量＝10 株

紫薇的工程量＝5 株

贴梗海棠的工程量＝4 株

例 2　某学校种植绿地，如图 1-1-8 所示，已知人工整理绿地面积为 1 575 m²。(1)计算栽植乔木的工程量。(2)计算栽植花卉的工程量。

图 1-1-8　某学校种植绿地示意图

1—毛白杨；2—香樟；3—广玉兰；4—水杉；5—碧桃；6—棕榈；

7—樱花；8—合欢；9—龙爪槐；10—红枫；11—金钟(70 株)；12—小叶女贞

注：带状绿地两边绿篱长 12 m，宽 5 m，绿篱内种植瓜子黄杨。

工程量计算过程及结果

（1）毛白杨的工程量＝5 株

香樟的工程量＝5 株

广玉兰的工程量＝5 株

水杉的工程量＝4 株

合欢的工程量＝3 株

龙爪槐的工程量＝8 株

（2）栽植花卉（金钟）的工程量＝70 株

例3　某高校局部绿化设计图，如图 1-1-9 所示，其中整理绿化用地为 860 m²，有茶花丛 180 m²，草地面积为 650 m²，计算栽植灌木的工程量。

图 1-1-9　某立交桥局部绿化设计图

1—合欢；2—桧柏；3—夹竹桃；4—法国梧桐；5—紫叶李；6—栀子花；7—茶花；8—油松；9—黑麦草

工程量计算过程及结果

紫叶李的工程量＝28 株

栀子花的工程量＝9 株

计算实例2　栽植绿篱

例1　某公园带状绿地位于公园中央，如图 1-1-7 所示，长 100 m，宽 12 m。绿地两边种植中等乔木，绿地中配植了一定数量的常绿树木、花和灌木，丰富了植物色彩，计算栽植绿篱的工程量。

工程量计算过程及结果

栽植绿篱的工程量＝12×2＝24.00 m

说明：绿篱的总长度是单排绿篱长度×2。

例2　某小区绿化中的局部绿篱示意图，如图 1-1-10 所示，分别计算单排绿篱、双排绿篱及六排绿篱工程量。

图 1-1-10　某小区绿化中局部绿篱示意图

§**工程量计算过程及结果**§

单排绿篱的工程量＝19.80 m

双排绿篱的工程量＝19.80×2＝39.60 m

六排绿篱的工程量＝19.80×0.725×6＝86.13 m²

说明：单排绿篱、双排绿篱均按设计图示长度以"m"计算；多排绿篱则按设计图示以"m²"计算。

计算实例3 栽植攀缘植物

某攀缘植物紫藤，如图1-1-11所示，共6株，计算栽植攀缘植物的工程量。

图1-1-11 某攀缘植物紫藤

§**工程量计算过程及结果**§

栽植攀缘植物的工程量＝6株

计算实例4 栽植色带

某小区有一蛇形绿化色带，如图1-1-12所示，一个半弧长为6.0 m，宽1.5 m，计算栽植色带的工程量。

1 500

图1-1-12 蛇形绿化色带（单位：mm）

工程量计算过程及结果

栽植色带的工程量＝蛇形绿化色带的面积＝6.0×1.5×3＝27.00 m²

计算实例5　栽植水生植物

某绿地局部示意图，如图 1-1-13 所示，计算栽植水生植物的工程量。

工程量计算过程及结果

栽植水生植物的工程量＝120 丛

计算实例6　铺种草皮

例 1　某公园带状绿地位于公园中央，如图 1-1-7 所示，长 100 m，宽 12 m。绿地两边种植中等乔木，绿地中配植了一定数量的常绿树木、花和灌木，丰富了植物色彩，计算铺种草皮的工程量。

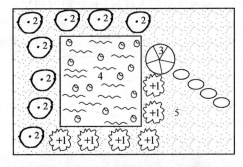

图 1-1-13　某绿地局部示意图
1—垂柳；2—广玉兰；3—亭子；
4—水生植物；5—早熟禾
注：垂柳 6 株，广玉兰 8 株，
水生植物 120 丛，高羊茅 950.00 m²

工程量计算过程及结果

铺种草皮的工程量＝100×12－12×5×2＝1 200－120＝1 080 m²

例 2　某广场局部绿化示意图，如图 1-1-14 所示，整体为草地及踏步，踏步厚度为 120 mm，计算铺种草皮的工程量。

(a)平面图

(b)踏步平面图　　(c)1-1剖面图

图 1-1-14　某广场局部绿化示意图(单位：mm)

铺种草皮的工程量$=(2.5\times2+45)^2-\dfrac{1}{4}\times3.14\times2.5^2\times4+\dfrac{1}{2}\times3.14\times22.5^2\times4-1.0\times0.3\times9$

$=5\ 656.92\ \text{m}^2$

例3 某校区局部绿化示意图,如图 1-1-15 所示,共有 4 个入口,有 4 个一样大小的模纹花坛,计算铺种草皮的工程量(养护期为两年)。

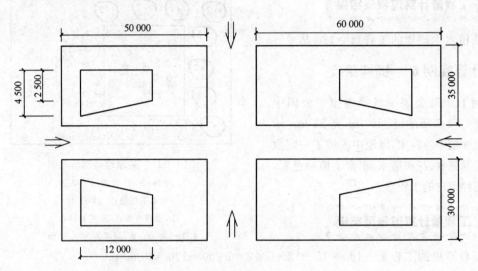

图 1-1-15　某校区局部绿化示意图(单位:mm)

铺种草皮的工程量$=50\times35+60\times35+50\times30+60\times30-\dfrac{2.5+4.5}{2}\times12\times4$

$=6\ 982.00\ \text{m}^2$

计算实例7　喷播植草(灌木)籽

例1 某公园局部植物绿化种植区,如图 1-1-4 所示,该种植区长 55 m,宽 32 m,其中竹林的面积为 220 m²,计算喷播植草(灌木)籽的工程量。

$$\begin{aligned}\text{喷播植草(灌木)籽的工程量}&=\text{总绿化种植区面积}-\text{竹林的种植面积}-\text{绿篱的种植面积}\\&=55\times32-220-32\times2\times1.2\\&=1\ 463.20\ \text{m}^2\end{aligned}$$

说明:式中,220.00 m² 是竹林的面积(题中已给出),1.20 m 是绿篱的宽度(说明中已给出)。

例2 某高校局部绿化设计,如图 1-1-9 所示,其中整理绿化用地为 860 m²,有茶花丛 180 m²,草地面积为 650 m²,计算喷播植草(灌木)籽的工程量。

【工程量计算过程及结果】

喷播植草(灌木)籽的工程量＝650.00 m²

例3 某校区局部绿化示意图,如图 1-1-15 所示,共有 4 个入口,有 4 个一样大小的模纹花坛,计算模纹播种的工程量(养护期为两年)。

【工程量计算过程及结果】

喷播植草的工程量$=\dfrac{2.5+4.5}{2}\times 12\times 4=168$ m²

第三节 绿地喷灌

一、清单工程量计算规则(表 1-1-3)

表 1-1-3 绿地喷灌工程量计算规则

项目编码	项目名称	项目特征	计量单位	工程量计算规则	工程内容
050103001	喷灌管线安装	1. 管道品种、规格 2. 管件品种、规格 3. 管道固定方式 4. 防护材料种类 5. 油漆品种、刷漆遍数	m	按设计图示管道中心线长度以延长米计算,不扣除检查(阀门)井、阀门、管件及附件所占的长度	1. 管道铺设 2. 管道固筑 3. 水压试验 4. 刷防护材料、油漆
050103002	喷灌配件安装	1. 管道附件、阀门、喷头品种、规格 2. 管道附件、阀门、喷头固定方式 3. 防护材料种类 4. 油漆品种、刷漆遍数	个	按设计图示数量计算	1. 管道附件、阀门、喷头安装 2. 水压试验 3. 刷防护材料、油漆

二、清单工程量计算

计算实例 喷灌管线安装

例1 某公园绿地喷灌设施,从供水主管接出 DN35 分管,长 47 m,从分管至喷头有 2 根

DN25 的支管,长度共为 66 m;喷头采用旋转喷头 DN40 共 8 个;分管、支管均采用 UPVC 塑料管,计算喷灌管线安装的工程量。

《工程量计算过程及结果》

DN35 管道的工程量＝47.00 m

DN25 管道的工程量＝66.00 m

说明:区别不同管径按设计长度计算。

例 2 某绿地地面下埋有喷灌设施,如图 1-1-16 所示,采用镀锌钢管,阀门为低压丝扣阀门,水表采用法兰连接(带弯通管及止回阀),喷头埋藏旋转散射,管道刷红丹防锈漆两道,$L=$ 88 m,厚为 160 mm,计算喷灌管线安装的工程量。

图 1-1-16 喷灌管道系统图

《工程量计算过程及结果》

DN80 管道的工程量＝88.00 m

例 3 某绿地给水管网的布置形式,如图 1-1-17 所示,从供水主管接出分管共 65 m,为铝合金管,管外径为 DN35;从分管至喷头的支管为 90 m,同样是铝合金管,管外径为 DN22,喷头为旋转式 DN18,共 12 个,低压手动 ϕ35 阀门 1 个,ϕ22 的 1 个,水表 1 组,计算喷灌管线安装施工的工程量。

图 1-1-17 某绿地给水管网布置示意图

工程量计算过程及结果

喷灌管线安装的工程量＝90＋65＝155 m

DN35 分管的工程量＝65 m（铝合金管）

DN22 支管的工程量＝90 m（铝合金管）

第二章　园路、园桥、假山工程

第一节　园路桥工程

一、清单工程量计算规则（表 1-2-1）

表 1-2-1　园路桥工程工程量计算规则

项目编码	项目名称	项目特征	计量单位	工程量计算规则	工程内容
050201001	园路	1. 路床土石类别 2. 垫层厚度、宽度、材料种类 3. 路面厚度、宽度、材料种类 4. 砂浆强度等级	m²	按设计图示尺寸以面积计算，不包括路牙	1. 路基、路床整理 2. 垫层铺筑 3. 路面铺筑 4. 路面养护
050201002	踏（蹬）道			按设计图示尺寸以水平投影面积计算，不包括路牙	
050201003	路牙铺设	1. 垫层厚度、材料种类 2. 路牙材料种类、规格 3. 砂浆强度等级	m	按设计图示尺寸以长度计算	1. 基层清理 2. 垫层铺设 3. 路牙铺设
050201004	树池围牙、盖板（箅子）	1. 围牙材料种类、规格 2. 铺设方式 3. 盖板材料种类、规格	1. m 2. 套	1. 以米计量，按设计图示尺寸以长度计算 2. 以套计量，按设计图示数量计算	1. 清理基层 2. 围牙、盖板运输 3. 围牙、盖板铺设

续上表

项目编码	项目名称	项目特征	计量单位	工程量计算规则	工程内容
050201005	嵌草砖(格)铺装	1.垫层厚度 2.铺设方式 3.嵌草砖(格)品种、规格、颜色 4.漏空部分填土要求	m²	按设计图示尺寸以面积计算	1.原土夯实 2.垫层铺设 3.铺砖 4.填土
050201006	桥基础	1.基础类型 2.垫层及基础材料、规格 3.砂浆强度等级	m³	按设计图示尺寸以体积计算	1.垫层铺筑 2.起重架搭、拆 3.基础砌筑 4.砌石
050201007	石桥墩、石桥台	1.石料种类、规格 2.勾缝要求 3.砂浆强度等级、配合比	m³	按设计图示尺寸以体积计算	1.石料加工 2.起重架搭、拆 3.墩、台、券石、券脸砌筑 4.勾缝
050201008	拱券石	1.石料种类、规格 2.券脸雕刻要求 3.勾缝要求 4.砂浆强度等级、配合比	m³	按设计图示尺寸以体积计算	
050201009	石券脸		m²	按设计图示尺寸以面积计算	
050201010	金刚墙砌筑		m³	按设计图示尺寸以体积计算	
050201011	石桥面铺筑	1.石料种类、规格 2.找平层厚度、材料种类 3.勾缝要求 4.混凝土强度等级 5.砂浆强度等级	m²	按设计图示尺寸以面积计算	1.石材加工 2.抹找平层 3.起重架搭、拆 4.桥面、桥面踏步铺设 5.勾缝

续上表

项目编码	项目名称	项目特征	计量单位	工程量计算规则	工程内容
050201012	石桥面檐板	1. 石料种类、规格 2. 勾缝要求 3. 砂浆强度等级、配合比	m²	按设计图示尺寸以面积计算	1. 石材加工 2. 檐板铺设 3. 铁锔、银锭安装 4. 勾缝
050201013	石汀步（步石、飞石）	1. 石料种类、规格 2. 砂浆强度等级、配合比	m³	按设计图示尺寸以体积计算	1. 基层整理 2. 石材加工 3. 砂浆调运 4. 砌石
050201014	木制步桥	1. 桥宽度 2. 桥长度 3. 木材种类 4. 各部位截面长度 5. 防护材料种类	m²	按桥面板设计图示尺寸以面积计算	1. 木桩加工 2. 打木桩基础 3. 木梁、木桥板、木桥栏杆、木扶手制作、安装 4. 连接铁件、螺栓安装 5. 刷防护材料
050201015	栈道	1. 栈道宽度 2. 支架材料种类 3. 面层材料种类 4. 防护材料种类		按栈道面板设计图示尺寸以面积计算	1. 凿洞 2. 安装支架 3. 铺设面板 4. 刷防护材料

二、清单工程量计算

计算实例1　园路

例1　某圆形广场采用青砖铺设路面（无路牙），如图 1-2-1 所示，已知该广场半径为 12 m，计算园路的工程量。

图 1-2-1　园路剖面示意图(单位:mm)

§工程量计算过程及结果§

园路的工程量＝$3.14 \times 12^2 = 452.16$ m²

例2　某园路中央为一个小广场,如图 1-2-2 所示,园路为 320 mm 厚砂垫层,250 mm 厚 3:7 灰土垫层,水泥方格砖路面,计算园路铺装工程量。

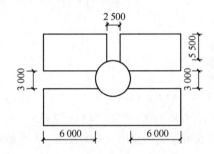

图 1-2-2　某园路局部示意图(单位:mm)

§工程量计算过程及结果§

园路的工程量＝$2.5 \times 5.5 + 3 \times 6 \times 2 = 13.75 + 36 = 49.75$ m²

例3　某公园局部台阶示意图,如图 1-2-3 所示,两头分别为路面,中间为四个台阶,计算园路的工程量(园路不包括路牙)。

(a)台阶剖面图　　　　(b)单个台阶平面图

图 1-2-3　台阶示意图(单位:mm)

《工程量计算过程及结果》

园路的工程量＝(4.4＋0.25×4＋0.15×5＋3.05)×1.8＝16.56 m²

计算实例2 路牙铺设

例1 某道路路牙长220 m,如图1-2-4所示,计算路牙铺设的工程量。

混凝土道牙
1:2水泥砂浆
混凝土结构

图1-2-4 路牙示意图

《工程量计算过程及结果》

路牙铺设的工程量＝2×220＝440.00 m

说明:该道路两边均安置路牙,所以路牙的工程量为2倍的道路长。

例2 某广场绿化工程平面示意图,如图1-2-5所示,该图显示了广场绿化的具体布置情

主要植物名称	
序号	名称
1	广玉兰
2	国槐
3	白玉兰
4	紫薇
5	迎春
6	紫叶小檗
7	法国梧桐

图1-2-5 某广场平面示意图

况。总面积及草坪面积见图中说明,该平面示意图中的局部路牙断面示意图,如图 1-2-6 所示,已知路牙长 105 m,计算相关内容工程量。

1:2水泥砂浆
20厚混凝土
200厚碎石层
150厚3:7灰土垫层
120厚素土夯实

图 1-2-6 局部路牙断面示意图(单位:mm)

§工程量计算过程及结果§

(1)挖地槽的工程量

$V = 105 \times 0.12 \times (0.02 + 0.2 + 0.15) = 4.66 \text{ m}^3$

(2)素土夯实的工程量

$V = 105 \times 0.12 \times 0.12 = 1.51 \text{ m}^3$

(3)3:7 灰土垫层的工程量

$V = 105 \times 0.12 \times 0.15 = 1.89 \text{ m}^3$

(4)碎石层的工程量

$V = 105 \times 0.12 \times 0.2 = 2.52 \text{ m}^3$

(5)混凝土的工程量

$V = 105 \times 0.12 \times 0.02 = 0.25 \text{ m}^3$

(6)路牙侧石安装的工程量

$L = 105.00 \text{ m}$

计算实例3 树池围牙、盖板(篦子)

例 1 某公园有四个圆形的树池,半径为 1.2 m,其外围进行围牙处理,计算该树池围牙的工程量。

§工程量计算过程及结果§

树池围牙的工程量 $= 2 \times 3.14 \times 1.2 \times 4 = 30.14 \text{ m}$

例 2 某树池平面和围牙立面示意图,如图 1-2-7 所示,计算树池围牙工程量(围牙平铺)。

(a)树池平面图　　　　　　(b)围牙立面图

图 1-2-7　某树池平面和围牙立面示意图(单位:mm)

工程量计算过程及结果

树池围牙的工程量=(1.5+0.15)×3.14=5.18 m

计算实例 4　嵌草砖(格)铺装

例 1　某商场外停车场为砌块嵌草路面,如图 1-2-8 所示,长 520 m,宽 320 m,250 mm 厚混凝土种植砖,20 mm 厚粗砂垫层,100 mm 厚 C15 混凝土,200 mm 厚碎石压实,素土夯实。路面边缘设置路牙,挖槽沟深 180 mm,用 3:7 灰土垫层,厚度为 160 mm,路牙高 160 mm,宽 100 mm,计算嵌草砖(格)铺装工程量。

(a)停车场剖面图　　　　　　(b)停车场路牙剖面图

图 1-2-8　某停车场路面图(单位:mm)

工程量计算过程及结果

嵌草砖(格)铺装的工程量=520×320=166 400.00 m²

例 2　某小区汽车停车场,如图 1-2-9 所示,该汽车停车场长 100 m,宽 60 m,用 100 mm 厚混凝土空心砖(内填土壤种草)进行铺装地面,计算嵌草砖铺装工程量。

图 1-2-9 停车场嵌草砖铺装(单位:mm)

《工程量计算过程及结果》

嵌草砖(格)铺装的工程量=100×60=6 000.00 m²

计算实例5 桥基础

例1 某公园石桥基础构造如图 1-2-10 所示,桥的造型形式为平桥,已知桥长 20 m,宽 2 m,计算石桥基础的工程量(该园桥基础共有 6 个)。

(a)平面图　　　　　(b)剖面图

图 1-2-10　石桥基础构造图(单位:mm)

《工程量计算过程及结果》

(1)垫层采用灰土处理,要分层碾压,使密实度达到 95% 以上

垫层的工程量=2×2×0.2×6=4.80 m³

(2)混凝土基础体积

$$V = 2 \times 2 \times 0.1 + \frac{0.3}{3} \times (1.5 \times 1.5 + 2 \times 2 + \sqrt{1.5 \times 1.5 + 2 \times 2}) + 1.5 + 1.5 \times 0.6 -$$

$$0.5 \times 0.5 \times 0.6$$

$$= 0.4 + 0.925 + 1.35 - 0.15$$

$$= 2.53 \text{ m}^3$$

6 个基础的工程量=2.53×6=15.18 m³

例2 某园桥构造示意图,如图 1-2-11 所示,已知桥基的细石安装采用金刚墙青白石厚

30 cm,采用条形混凝土基础,桥墩有 3 个,桥长 8 m,宽 2.0 m,计算石桥基础工程量。

图 1-2-11 园桥构造示意图(单位:mm)

工程量计算过程及结果

(1)灰土垫层要分层碾压,使密实度95%以上

垫层的工程量=8×2×0.07=1.12 m³

(2)条形混凝土基础工程量=8×2×0.08=1.28 m³

例3 某园桥台阶结构示意图,如图 1-2-12 所示,采用青白石材料,为便于排水,防止结冰,台阶踏步设置1%的向下坡度,计算台阶工程量(台阶有8级)。

图 1-2-12 园桥台阶结构示意图(单位:mm)

工程量计算过程及结果

(1)灰土层的工程量=0.3×8×0.06×1.5×2=0.43 m³

(2)条形基础的工程量=0.3×8×0.08×1.5×2=0.58 m³

(3)混凝土的工程量=(0.3×0.15+0.3×0.15×2+0.3×0.15×3+0.3×0.15×4+

0.3×0.15×5+0.3×0.15×6+0.3×0.15×7)×1.5×2

=3.78 m³

说明:计算时,注意台阶一侧8级,要计算出两侧台阶的总工程量,所以乘以2。

计算实例6 石桥墩、石桥台

例1 某园桥的石桥墩,如图 1-2-13 所示,计算该桥墩的工程量(园桥有 8 个桥墩)。

图 1-2-13 石桥墩示意图(单位:mm)

工程量计算过程及结果

(1)大放脚体积 $=0.16\times\left[3.14\times\left(\frac{0.98}{2}\right)^2+3.14\times\left(\frac{0.98-0.08\times2}{2}\right)^2+3.14\times\left(\frac{0.98-0.08\times4}{2}\right)^2\right]$

$=0.16\times(0.75+0.53+0.34)=0.26$ m³

(2)柱身体积 $=3.14\times\left(\frac{0.5}{2}\right)^2\times4.5=0.88$ m³

(3)8 个石桥墩工程量 $=(0.26+0.88)\times8=9.12$ m³

说明:桥墩工程量即求桥墩的体积,它的体积由大放脚四周体积和柱身体积两部分组成。

例 2 某园桥构造示意图,如图 1-2-11 所示,已知桥基的细石安装采用金刚墙青白石厚 30 cm,采用条形混凝土基础,桥墩有 3 个,桥长 8 m,宽 2.0 m,计算石桥墩工程量。

工程量计算过程及结果

(1)石桥台机砖砌筑工程量 $=(3+0.08)\times5\times\frac{1}{2}\times2\times2=30.80$ m³

(2)石桥墩工程量 $=1\times1\times3\times3=9.00$ m³

计算实例 7 拱券石

某一石拱桥,如图 1-2-14 所示,桥拱半径为 1 m,拱圈层用料为花岗石,厚 0.125 m,花岗石后为青白石金刚墙砌筑,每块厚 0.2 m,桥高 6.5 m,长 18 m,宽 5.5 m,桥底为 80 mm 厚清水碎石垫层,拱桥两侧装有青白石旋脸(长 0.5 m,宽 0.3 m,厚 0.15 m)共 22 个,计算花岗石的工程量。

说明:拱圈石层的厚度为桥拱半径的 1/12~1/6。

工程量计算过程及结果

$V_1=\frac{1}{2}\times S_1\times高=\pi r_1^2\times高$

$$=\frac{1}{2}\times3.14\times(1+0.125)^2\times5.5=10.93\ \text{m}^3$$

$$V_2=\frac{1}{2}\times S_2\times\text{高}=\frac{1}{2}\pi r_2^2\times\text{高}$$

$$=\frac{1}{2}\times3.14\times1^2\times5.5=8.64\ \text{m}^3$$

拱券石的工程量 $=V_1-V_2=10.93-8.64=2.29\ \text{m}^3$

说明：计算拱旋石体积时，可把桥拱看成是一大一小两个半圆柱体，用大圆柱体减去小圆柱体再除以2，即可得到所求拱券石体积。

图 1-2-14　石拱桥示意图（单位：mm）

计算实例 8　石券脸，金刚墙砌筑

某拱桥构造示意图，如图 1-2-15 所示，采用花岗石制作安装拱旋石，石旋脸的制作、安装采用青白石，桥洞底板为钢筋混凝土处理，桥基细石安装用金刚墙青白石，厚 18 cm。(1)计算石券脸工程量。(2)计算金刚墙砌筑的工程量。

图 1-2-15　某拱桥构造示意图（单位：mm）

§**工程量计算过程及结果**§

(1)石券脸的工程量$=\frac{1}{2}\times3.14\times(3.0^2-2.5^2)\times2=8.64$ m^2

说明：桥石券脸工程量计算时，要算两面工程量，因此要乘以2。

(2)金刚墙砌筑的工程量$=(3.5+3+3.5)\times1.5\times0.8=2.70$ m^2

计算实例9　石桥面铺筑

例1　某平桥示意图，如图1-2-16所示，桥身长120 m，宽25 m，桥面为青白石石板铺装，石板厚0.1 m，石板下做防水层，采用2 mm厚沥青和石棉沥青各一层作底，计算该石桥面铺筑工程量。

图1-2-16　某平桥示意图(单位：mm)

§**工程量计算过程及结果**§

石桥面铺筑的工程量$=$长$\times$宽$=120\times25=3\,000.00$ m^2

例2　某园桥台阶结构示意图，如图1-2-12所示，采用青白石材料，为便于排水，防止结冰，台阶踏步设置1%的向下坡度，计算台阶踏步的工程量(台阶有8级)。

§**工程量计算过程及结果**§

踏步安装青白石的工程量$=(0.3\times1.5+0.15\times1.5)\times8\times2=10.80$ m^2

说明：计算时，注意台阶一侧8级，要计算出两侧台阶的总工程量，所以需乘以2。

计算实例10　石桥面檐板

某桥在檐口处钉制花岗石檐板，如图1-2-17所示，用银锭安装，共用50个银锭，起到封闭作用。檐板每块宽 0.3 m,厚 5.5 cm,桥宽 25 m,桥长 80 m,计算檐板工程量。

(a)桥侧立面图

需铺4层花岗石　花岗石檐板　银锭

(b)桥正立面图

需铺3层花岗石　花岗石檐板　银锭

图 1-2-17　桥正、侧立面图

《工程量计算过程及结果》

花岗石檐板表面积:

$S_1 = 长×宽 = 25×0.3×4 = 30.00$ m²

$S_2 = 长×宽 = 80×0.3×3 = 72.00$ m²

石桥面檐板的工程量 $= 2×(S_1+S_2) = 2×(30.00+72.00) = 204.00$ m²

计算实例 11　木制步桥

例 1　某公园湖面上有一木制步桥,如图 1-2-18 所示,桥宽 3 m,长 18 m,木梁宽 20 cm,桥板面厚 4 cm,桥边缘装有直挡栏杆,每根长 0.3 m,宽 0.2 m,桥身构件喷有防护漆。木柱基础为正方形,半边长为 22 cm,坑底深 0.5 m,桩孔半径为 25 cm。木桩长 2 m,共 9 根,各木制构件用铁螺旋安装连接,计算木制步桥的工程量。

(a)木柱基础图

直挡栏杆　铁螺旋

(b)木桥栏杆立面图

(c)木桥平面图

图 1-2-18　木桥示意图

R_1—坑底半径;R_2—孔底半径;H—坑、孔底中心线深度(m)

《工程量计算过程及结果》

木制步桥的工程量 $= 3×18 = 54.00$ m²

例2　某木桥桥面示意图,如图1-2-19所示,木栏杆高为1.2 m,每两个木柱之间的栏杆长为1 m,计算木制步桥的工程量。

图 1-2-19　木桥桥面示意图(单位:mm)

注:桥面铺装为 2 400 mm×240 mm×50 mm 木板,螺栓固定。

工程量计算过程及结果

木制步桥的工程量 = 6.0×2.4=14.40 m²

第二节　堆塑假山

一、清单工程量计算规则(表 1-2-2)

表 1-2-2　堆塑假山工程量计算规则

项目编码	项目名称	项目特征	计量单位	工程量计算规则	工程内容
050301001	堆筑土山丘	1.土丘高度 2.土丘坡度要求 3.土丘底外接矩形面积	m³	按设计图示山丘水平投影外接矩形面积乘以高度的1/3以体积计算	1.取土、运土 2.堆砌、夯实 3.修整
050301002	堆砌石假山	1.堆砌高度 2.石料种类、单块重量 3.混凝土强度等级 4.砂浆强度等级、配合比	t	按设计图示尺寸以质量计算	1.选料 2.起重机搭、拆 3.堆砌、修整

项目编码	项目名称	项目特征	计量单位	工程量计算规则	工程内容
050301003	塑假山	1.假山高度 2.骨架材料种类、规格 3.山皮料种类 4.混凝土强度等级 5.砂浆强度等级、配合比 6.防护材料种类	m²	按设计图示尺寸以展开面积计算	1.骨架制作 2.假山胎模制作 3.塑假山 4.山皮料安装 5.刷防护材料
050301004	石笋	1.石笋高度 2.石笋材料种类 3.砂浆强度等级、配合比	支		1.选石料 2.石笋安装
050301005	点风景石	1.石料种类 2.石料规格、重量 3.砂浆配合比	1.块 2.t	1.以块（支、个）计量，按设计图示数量计算 2.以吨计量，按设计图示石料质量计算	1.选石料 2.起重架搭、拆 3.点石
050301006	池、盆景置石	1.底盘种类 2.山石高度 3.山石种类 4.混凝土砂浆强度等级 5.砂浆强度等级、配合比	1.座 2.个		1.底盘制作、安装 2.池、盆景山石安装、砌筑
050301007	山（卵）石护角	1.石料种类、规格 2.砂浆配合比	m³	按设计图示尺寸以体积计算	1.石料加工 2.砌石
050301008	山坡（卵）石台阶	1.石料种类、规格 2.台阶坡度 3.砂浆强度等级	m²	按设计图示尺寸以水平投影面积计算	1.选石料 2.台阶砌筑

二、清单工程量计算

计算实例1　堆筑土山丘

某小游园内有一土堆筑假山,如图 1-2-20 所示,山丘水平投影外接矩形长 8 m,宽 5 m,假山高 6.3 m,计算堆筑土山丘的工程量。

工程量计算过程及结果

堆筑土山丘的工程量

$$= 长 \times 宽 \times 高 \times \frac{1}{3} = 8 \times 6.3 \times 5 \times \frac{1}{3}$$

$$= 84.00 \text{ m}^3$$

图 1-2-20　假山水平投影示意图

计算实例2　堆砌石假山

例1　某公园内有一堆石假山,如图 1-2-21 所示,山石材料为黄石,山高 3.55 m,假山平面轮廓的水平投影外接矩形长 8 m,宽 4.5 m,投影面积约为 30 m²。假山下为混凝土基础,50 mm厚砂石垫层,110 mm厚 C10 混凝土,1:3 水泥砂浆砌山石。石间空隙处填土配制有小灌木,计算堆砌石假山的工程量。

(a)假山水平投影图

110厚C15混凝土
50厚砂石垫层
素土夯实

(b)假立剖面图

图 1-2-21　假山水平投影图、剖面图

§工程量计算过程及结果§

石料重量公式如下所示:

$$W = AHRK_n$$

式中 W ——石料重量(t);

　　　A ——假山平面轮廓的水平投影面积(m²);

　　　H ——假山着地点至最高顶点的垂直距离(m);

　　　R ——石料密度:黄(杂)石 2.6 t/m³,湖石 2.2 t/m³;

　　　K_n——折算系数(高度在 2 m 以内 $K_n=0.65$;高度在 4 m 以内 $K_n=0.56$)。

堆砌石假山的工程量=$AHRK_n$=30×3.55×2.6×0.56=155.064 t

例 2　某公园黄石假山的平面图和立面图如图 1-2-22 所示,计算该假山石的工程量。

(a)平面图

(b)立面图

图 1-2-22　假山平面图和立面图(单位:mm)

§工程量计算过程及结果§

(1)假山计算体积:

$$V_{计} = A_{矩} \cdot H_{大}$$

式中 $A_矩$——假山不规则平面轮廓的水平投影面积的最大外接矩形面积(m^2)；

$\quad\quad H_大$——大假山石着地点至最高顶的垂直距离(m)；

$\quad\quad V_计$——叠成后的假山计算体积(m^3)。

（2）假山计算体积换算重量：

$$W_重 = 2.6\,V_计\,K_n$$

式中 $W_重$——假山石重量(t)；

$\quad\quad 2.6$——石料密度(t/m^3)；

$\quad\quad K_n$——H 在 1 m 以内为 0.77；H 在 1～2 m 时为 0.72；H 在 2～3 m 时为 0.653；

$\quad\quad\quad\quad H$ 在 3～4 m 时为 0.60；H 在 4 m 以上时为 0.55。

则有 $A_矩 = 5.6 \times 2.4 = 13.44\ m^2$

$\quad\quad H_大 = 3.6\ m$

$\quad\quad V_计 = A_矩 \cdot H_大 = 13.44 \times 3.6 = 48.384\ m^3$

$\quad\quad H = 3.6\ m$，在 3～4 m 之间，K_n 取 0.60

$\quad\quad$堆砌石假山的工程量 $= W_重 = 2.6 \times 48.384 \times 0.60 = 75.479\ t$

例 3 某太湖石假山示意图，如图 1-2-23 所示，计算该假山石的工程量。（模板系数为 0.26；钢筋系数为 0.079；太湖石密度 2.2 t/m^3）

(a)立面图　　　　　　　　　　　　　　　(b)平面图

(c)基础图

图 1-2-23　某太湖石假山示意图（单位：mm）

《工程量计算过程及结果》

（1）假山堆砌工程量

$$W_重 = 长 \times 宽 \times 高 \times 高度系数 \times 太湖石密度$$

1)5.60 m 处假山堆砌工程量

    长:如图 1-2-23(b)所示,为 7.00 m

    宽:如图 1-2-23(b)所示,为 6.60 m

    高:如图 1-2-23(a)所示,为 5.60 m

    高度系数:0.55

    太湖石密度:2.2 t/m³

则 $W_重 = 7.00 \times 6.60 \times 5.6 \times 0.55 \times 2.2 = 313.051$ t

2)5.00 m 处假山堆砌工程量

    长:经实际测量,最大矩形边长为 5.80 m

    宽:如图 1-2-23(b)所示,可知为 6.40 m

    高:如图 1-2-23(b)所示,可知为 5.00 m

    高度系数:0.55

    太湖石密度:2.2 t/m³

则 $W_重 = 5.80 \times 6.40 \times 5.00 \times 0.55 \times 2.2 = 224.576$ t

3)3.60 m 处假山堆砌工程量

    长:经实际测量,最大矩形边长为 2.40 m

    宽:14.2−6.6−6.4=1.20 m

    高:3.60 m

    高度系数:0.60

    太湖石密度系数 2.2 t/m³

则 $W_重 = 2.40 \times 1.20 \times 3.60 \times 0.60 \times 2.2 = 13.686$ t

    $W_{总重} = 313.051 + 224.576 + 13.686 = 551.313$ t

(2)散驳石堆砌工程量(1.0 m 以下)

依据图 1-2-23 所示,在 1.0 m 以下的散驳太湖石堆砌中随机测量三块不同宽度、高度、长度(如 A_1、A_2、A_3)散驳太湖石,然后分别记录其测量值。

计算方法有以下两种:

$W_{重2}$ = 累计长度 × 最大宽度 × 最大高度 × 高度系数 × 太湖石密度

实际结算时,应以现场丈量的实际尺寸为准。现采用第一种方法计算,即:

$W_{重1}$ = 累计长度 × 平均宽度 × 平均高度 × 太湖石密度

A_1 块长、宽、高分别为:1.00 m,0.80 m,0.60 m

A_2 块长、宽、高分别为:0.80 m,0.50 m,0.35 m

A_3 块长、宽、高分别为:0.50 m,0.25 m,0.20 m

累计长度为:1.00+0.80+0.50=2.30 m

平均宽度为:(0.80+0.50+0.25)/3=0.52 m

平均高度为:(0.60+0.35+0.20)/3=0.38 m

太湖石密度:2.2 t/m³

$W_{重1}=2.30\times0.52\times0.38\times2.2=1.000$ t

太湖石的工程量$=(1)+(2)=551.313+1.000=552.313$ t

计算实例3　塑假山

例1　某人工塑假山剖面图,如图1-2-24所示,采用钢骨架,山高10 m占地25 m²;假山地基为混凝土基础,35 mm厚砂石垫层,C10混凝土厚100 mm,素土夯实。假山上有人工安置白果笋1支,高2 m;景石3块,平均长2 m,宽1 m,高1.5 m;零星点布石6块,平均长1 m,宽0.6 m,高0.7 m,风景石和零星点布石为黄石。假山山皮料为小块英德石,每块高2 m,宽1.5 m,共60块,需要人工运送60 m远,计算塑假山工程量。

图1-2-24　某人工塑假山剖面图

1—白果笋;2—景石;3—零星点布石

说明:景石、零星点布石工程量计算公式:

$$W_{单}=L_{均}\ B_{均}\ H_{均}\ R$$

式中　$W_{单}$——山石单体重量(t);

$L_{均}$——长度方向的平均值(m);

$B_{均}$——宽度方向的平均值(m);

$H_{均}$——高度方向的平均值(m);

R——石料密度:黄(杂)石2.6 t/m³,湖石2.2 t/m³。

§工程量计算过程及结果§

塑假山的工程量$=25.00$ m²

例2　某公园假山示意图,如图1-2-25所示,石材选用砖骨架,砌筑胚形后用1:2的水泥砂浆,仿照自然山石石面进行抹面,最后用小块的英德石作山皮料进行贴面,计算塑假山工程量。

图 1-2-25　假山示意图(单位:mm)

⟪工程量计算过程及结果⟫

按设计图示尺寸以估算面积计算,则有:

(1)假山底座面积≈10×(5.4−1−0.45)+(1.4+1.4)×1

$$=39.5+2.8$$

$$=42.30 \text{ m}^2$$

(2)假山立面面积≈(0.7+2.1+1+1)×3.8+(12−0.7−2.1−1−1)×2.55

$$=18.24+18.36=36.60 \text{ m}^2$$

塑假山的工程量=42.30+36.60=78.90 m²

计算实例 4　石笋

某植物园竹林旁边以石笋石作点缀,具体布置造型尺寸如图 1-2-26 所示,寓意出"雨后春笋"的观赏效果,其石笋石采用白果笋,计算石笋工程量。

图 1-2-26 白果笋示意图(单位:mm)

工程量计算过程及结果

石笋的工程量＝4 支

计算实例 5 点风景石

某校园一角有一块黄石景石,如图 1-2-27 所示,经测量可知:长度方向的平均值为 2.1 m,宽度方向的平均值为 1.5 m,计算点风景石工程量。

图 1-2-27 景石示意图

注:黄石石料密度为 2.6 t/m³。

工程量计算过程及结果

点风景石的工程量＝1 块

计算实例 6 池、盆景置石

某公园人工湖中有一单峰石石景,如图 1-2-28 所示,此石为黄石结构,高 4.2 m,水平投影面积 16 m²,底盘为圆方形混凝土底盘,计算池石工程量。

图 1-2-28 池石立面图

《工程量计算过程及结果》

池石的工程量＝1座

计算实例 7   山（卵）石护角

某带土假山为了保护山体而在假山的拐角处设置山石护角，如图 1-2-29 所示，每块石长 1.2 m，宽 0.5 m，高 0.7 m。假山中修有山石台阶，图 1-2-30 所示，每个台阶长 0.5 m，宽 0.3 m，高 0.15 m，共 12 级，台阶为 C10 混凝土结构，表面是水泥抹面，C10 混凝土厚 130 mm，1：3：6 三合土垫层厚 75 mm，素土夯实，所有山石材料均为黄石。计算山石护角的工程量。

图 1-2-29   假山平面示意图

图 1-2-30   假山台阶剖面示意图（单位：mm）

《工程量计算过程及结果》

山石护角的工程量＝长×宽×高＝1.2×0.5×0.7＝0.42 m³

第三节 驳 岸

一、清单工程量计算规则（表 1-2-3）

表 1-2-3　绿化工程工程量计算规则

项目编码	项目名称	项目特征	计量单位	工程量计算规则	工程内容
050202001	石(卵石)砌驳岸	1. 石料种类、规格 2. 驳岸截面、长度 3. 勾缝要求 4. 砂浆强度等级、配合比	1. m³ 2. t	1. 以立方米计量，按设计图示尺寸以体积计算 2. 以吨计量，按质量计算	1. 石料加工 2. 砌石(卵石) 3. 勾缝
050202002	原木桩驳岸	1. 木材种类 2. 桩直径 3. 桩单根长度 4. 防护材料种类	1. m 2. 根	1. 以米计量，按设计图示桩长(包括桩尖)计算 2. 以根计量，按设计图示数量计算	1. 木桩加工 2. 打木桩 3. 刷防护材料
050202003	满(散)铺砂卵石护岸(自然护岸)	1. 护岸平均宽度 2. 粗细砂比例 3. 卵石粒径	1. m² 2. t	1. 以平方米计量，按设计图示尺寸以护岸展开面积计算 2. 以吨计量，按卵石使用质量计算	1. 修边坡 2. 铺卵石
050202004	点(散)布大卵石	1. 大卵石粒径 2. 数量	1. 块(个) 2. t	1. 以块(个)计量，按设计图示数量计算 2. 以吨计量，按卵石使用质量计算	1. 布石 2. 安砌 3. 成型
050202005	框格花木护岸	1. 展开宽度 2. 护坡材质 3. 框格种类与规格	m²	按设计图示尺寸展开宽度乘以长度以面积计算	1. 修边坡 2. 安放框格

二、清单工程量计算

计算实例1 石（卵石）砌驳岸

例1 某人工湖石砌驳岸剖面图，如图1-2-31所示，驳岸长120 m，平均宽12 m，驳岸表面为花岗石铺面，厚300 mm，花岗石表层下为C25混凝土砌块厚150 mm，40 mm厚粗砂间层，大块石垫层厚200 mm，素土夯实，计算石砌驳岸工程量。

花岗石铺面
C25混凝土砌块
40厚粗砂间层
大块石垫层
素土夯实

图 1-2-31　某人工湖石砌驳岸剖面图

工程量计算过程及结果

石砌驳岸的工程量＝长×宽×高

$$=120×12×(0.3+0.15+0.04+0.2)$$

$$=993.60 \ m^3$$

例2 某公园驳岸局部示意图，如图1-2-32所示，驳岸长12 m，宽3 m，计算该部分驳岸的工程量。

50厚混凝土压顶
湖面常水位
100厚C20素混凝土
土工布一层
50厚MU5砂浆
素土夯实
M10水泥砂浆勾凹缝
浆砌块石
C15混凝土垫层200厚

图 1-2-32　某公园驳岸局部剖面图（单位：mm）

石砌驳岸的工程量＝长×宽×高＝12×3×(1.35+2.5)＝138.60 m³

例 3　某石砌驳岸示意图,如图 1-2-33 所示,可防止涨落不定的水体对岸坡造成损坏,驳岸共长 18 m,计算石砌驳岸的工程量。

图 1-2-33　石砌驳岸示意图(单位:mm)

石砌驳岸的工程量＝$S_{梯}×h$(驳岸的长)＝$\{\frac{1}{2}×[0.7+(1-0.1×2)]×0.3+\frac{1}{2}×$

$[(0.7-0.06-0.05-0.25)+(0.7-0.25)]×0.3+\frac{1}{2}×[0.3+(0.7-0.06-0.05-$

$0.25-0.2)×0.9]\}×18=9.75$ m³

计算实例 2　原木桩驳岸

某园林内人工湖原木桩驳岸,如图 1-2-34 所示,假山占地面积为 180 m²,木桩为柏木桩,桩高 1.4 m,直径为 13 cm,共 6 排,两桩之间距离为 20 cm,打木桩时挖圆形地坑,地坑深 1 m,半径为 8 cm,计算原木桩驳岸工程量。

$$V=\pi R^2 H$$

式中　π——圆周率(3.14);

　　　R——坑底半径(m);

　　　H——坑底中心线深度(m)。

打圆桩工程量计算公式

$$V=\pi r^2 L N$$

式中　π ——圆周率，π＝3.14；

r ——圆桩半径（m）；

L ——桩体长度（从桩顶到桩底的全长）（m）；

N——打桩数量（根）。

(a)圆形地坑示意图

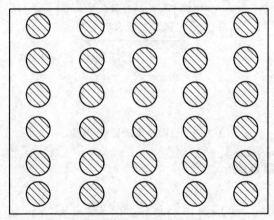

(b)木桩平面示意图

图 1-2-34　原木桩驳岸示意图

§工程量计算过程及结果§

原木桩驳岸的工程量＝一根木桩的长度×根数

$$=1.4×5×6$$

$$=42.00 \text{ m}$$

计算实例3　满（散）铺砂卵石护岸（自然护岸）

例 1　某河流堤岸散铺卵石护岸，如图 1-2-35 所示，护岸长 100 m，平均宽 15 m，护岸表面铺卵石，90 mm 厚混凝土栽卵石，卵石层下为 45 mm 厚 M2.5 混合砂浆，160 mm 厚碎砖三合土，80 mm 厚粗砂垫层，素土夯实，计算卵石护岸工程量。

图 1-2-35 某河流堤岸剖面图

〘工程量计算过程及结果〙

散铺卵石护岸的工程量＝长×护岸平均宽

$$＝100×15$$

$$＝1\ 500.00\ m^2$$

例 2 某矩形的水景岸坡散铺砂卵石,如图 1-2-36 所示,卵石用油灰为底进行栽植,该水池长 12 m,宽 7 m,岸坡宽 2 m,卵石选用流纹岩,粒径约为 5 cm 左右,计算卵石护岸工程量。

图 1-2-36 砂卵石护岸构造示意图(单位:mm)

〘工程量计算过程及结果〙

水池的周长＝(长＋宽)×2＝(12＋7)×2＝38.00 m

砂卵石护岸的工程量＝平均护岸宽度×水池周长＝2×38＝76.00 m²

第三章　园林景观工程

第一节　原木、竹构件

一、清单工程量计算规则（表 1-3-1）

表 1-3-1　原木、竹构件工程量计算规则

项目编码	项目名称	项目特征	计量单位	工程量计算规则	工程内容
050302001	原木（带树皮）柱、梁、檩、椽	1. 原木种类 2. 原木直（梢）径（不含树皮厚度）	m	按设计图示尺寸以长度计算（包括榫长）	
050302002	原木（带树皮）墙	3. 墙龙骨材料种类、规格 4. 墙底层材料种类、规格 5. 构件联结方式 6. 防护材料种类	m²	按设计图示尺寸以面积计算（不包括柱、梁）	
050302003	树枝吊挂楣子			按设计图示尺寸以框外围面积计算	
050302004	竹柱、梁、檩、椽	1. 竹种类 2. 竹直（梢）径 3. 连接方式 4. 防护材料种类	m	按设计图示尺寸以长度计算	1. 构件制作 2. 构件安装 3. 刷防护材料
050302005	竹编墙	1. 竹种类 2. 墙龙骨材料种类、规格 3. 墙底层材料种类、规格 4. 防护材料种类	m²	按设计图示尺寸以面积计算（不包括柱、梁）	
050302006	竹吊挂楣子	1. 竹种类 2. 竹梢径 3. 防护材料种类		按设计图示尺寸以框外围面积计算	

二、清单工程量计算

计算实例 1 原木(带树皮)柱、梁、檩、椽

例 1 某园林建筑立柱示意图,如图 1-3-1 所示,柱子的材料选用原木构造,该建筑有木柱子 10 根,计算柱子工程量。

图 1-3-1 立柱示意图(单位:mm)

工程量计算过程及结果

柱长=2.5+0.2=2.7 m

10 根原木柱的工程量=2.7×10=27.00 m

例 2 某景区有一座三角形屋面的廊,如图 1-3-2 所示,供游人休息观景之用。该廊屋面跨度为 5 m,屋面采用 1:6 水泥焦渣找坡,坡度角为 42°,找坡层最薄处厚 30 mm,廊屋面板为现浇混凝土面板,板厚 20 mm,廊用梢径为 18 cm 的原木柱子支撑骨架,计算廊中柱子的工程量。

图 1-3-2 某廊构造示意图(单位:mm)

工程量计算过程及结果

原木柱的工程量=柱子的长度×根数=5×8=40.00 m

计算实例2　原木（带树皮）墙

例1　某自然生态景区示意图,如图1-3-3所示,采用原木墙来分隔空间,根据景区需要,原木墙做成高低参差不齐的形状,所用原木均为直径10 cm的木材,计算原木墙工程量。(其中原木高为1.5 m的有7根,1.6 m的有7根,1.7 m的有8根,1.8 m的有5根,1.9 m的有6根,2 m的有9根)

图1-3-3　原木墙构造示意图(单位:mm)

⟨⟨工程量计算过程及结果⟩⟩

原木墙的工程量=0.8×(1.5+0.1×2)+0.9×(1.5+0.1×5)+0.7×(1.5+0.1)+
　　　　　　　0.5×(1.5+0.1×3)+0.7×1.5+0.6×(1.5+0.1×4)
　　　　　　=7.37 m²

说明:原木墙工程量即为原木墙的面积,则为不同高度的原木面积之和。

例2　某房屋所有结构全为原木构件(龙骨除外),如图1-3-4所示,房中共有4面墙,两两相同,长宽分别为2.8 m、2.2 m和2.8 m、2.5 m,墙体中装有龙骨,用来支撑墙体,龙骨长2.8 m,宽0.2 m,厚1 mm。原木墙梢径为15 cm,树皮屋面厚2.5 cm,计算原木墙工程量。

图1-3-4　墙体剖面图(单位:mm)

1—横龙骨;2—原木墙;3—通贯龙骨;4—竖龙骨

工程量计算过程及结果

项目特征为原木梢径为 15 cm，龙骨长 2.8 m，宽 0.2 m，厚 1 mm，长宽分别为 2.8m、2.2 m的墙。

工程量＝长×宽×2＝2.8×2.2×2＝12.32 m²

项目特征为原木梢径为 15 cm，龙骨长 2.8 m，宽 0.2 m，厚 1 mm，长宽分别为 2.8 m、2.5 m的墙。

工程量＝长×宽×2＝2.8×2.5×2＝14.00 m²

计算实例3 竹柱、梁、檩、椽，竹吊挂楣子

某以竹子为原料制作的亭子，如图 1-3-5 所示，亭子为直径 3 m 的圆形，由 6 根直径 15 cm 的竹子作柱子，4 根直径为 15 cm 的竹子作梁，4 根直径为 6 cm、长 1.6 m 的竹子作檩条，64 根长 1.2 m、直径为 4 cm 的竹子作椽，并在檐枋下倒挂着竹子做的斜万字纹的竹吊挂楣子，宽 16 cm。(1)计算竹柱、梁、檩、椽的工程量。(2)计算竹吊挂楣子的工程量。

(a)立面图　　　　(b)平面图

图 1-3-5 亭子构造示意图(单位:mm)

工程量计算过程及结果

(1)由图知，亭子的竹柱子高 2 m，竹梁长(3+0.3×2)÷2＝1.8 m，竹檩条长 1.6 m，竹椽长 1.2 m。

竹柱的工程量＝2×6＝12.00 m

竹梁的工程量＝1.8×4＝7.20 m

竹檩条的工程量＝1.6×4＝6.40 m

竹椽的工程量＝1.2×64＝76.80 m

(2)竹吊挂楣子的工程量＝亭子的周长×竹吊挂楣子宽度＝3.14×3×0.16＝1.51 m²

计算实例4 竹编墙

例1 某公园中央竹制小屋示意图，如图 1-3-6 所示，小屋长×宽×高为 5 m×4 m×2.5 m，

已知竹梁所用竹子直径为 12 cm,长 5.2 m。竹檩条所用竹子直径为 8 cm,长 5 m。竹椽所用竹子直径为 5 cm,长 2.2 m。竹编墙所用竹子直径为 1 cm,采用竹框墙龙骨,竹屋面所用的竹子直径为 1.5 cm,计算竹编墙工程量。(该屋子有一高 2 m,宽 1.5 m 的门)

(a)立面图　　　　　　　　　　(b)平面图

图 1-3-6　某公园竹制小屋示意图(单位:mm)

《工程量计算过程及结果》

竹编墙工程量＝5×2.5×2＋4×2.5×2－2×1.5＝42 m²

说明:该竹编墙采用直径为 1 cm 的竹子编制,采用竹框作为墙龙骨。

例 2　某房屋中各房间之间是用竹编墙来隔开空间,如图 1-3-7 所示,房屋地板面积 92 m²,地板为水泥地板。竹编墙长 4.8 m,宽 3 m,墙中龙骨也为竹制,龙骨直径为 20 mm,计算竹编墙工程量。

图 1-3-7　竹编墙结构示意图

《工程量计算过程及结果》

竹编墙工程量＝竹编墙面积的长×宽＝4.8×3＝14.40 m²

第二节　亭廊屋面

一、清单工程量计算规则（表1-3-2）

表1-3-2　亭廊屋面工程量计算规则

项目编码	项目名称	项目特征	计量单位	工程量计算规则	工程内容
050303001	草屋面	1. 屋面坡度 2. 铺草种类 3. 竹材种类 4. 防护材料各类	m²	按设计图示尺寸以斜面计算	1. 整理、选料 2. 屋面铺设 3. 刷防护材料
050303002	竹屋面			按设计图示尺寸以实铺面积计算（不包括柱、梁）	
050303003	树皮屋面			按设计图示尺寸以屋面结构外围面积计算	
050303004	油毡瓦屋面	1. 冷底子油品种 2. 冷底子油涂刷遍数 3. 油毡瓦颜色规格		按设计图示尺寸以斜面计算	1. 清理基层 2. 材料裁接 3. 刷油 4. 铺设
050303005	预制混凝土穹顶	1. 穹顶弧长、直径 2. 肋截面尺寸 3. 板厚 4. 混凝土强度等级 5. 拉杆材质、规格	m³	按设计图示尺寸以体积计算。混凝土脊和穹顶的肋、基梁并入屋面体积	1. 模板制作、运输、安装、拆除、保养 2. 混凝土制作、运输、浇筑、振捣、养护 3. 构件运输、安装 4. 砂浆制作、运输 5. 接头灌缝、养护

项目编码	项目名称	项目特征	计量单位	工程量计算规则	工程内容
050303006	彩色压型钢板（夹芯板）攒尖亭屋面板	1. 屋面坡度 2. 穹顶弧长、直径 3. 彩色压型钢（夹芯）板品种、规格 4. 拉杆材质、规格 5. 嵌缝材料种类 6. 防护材料种类	m²	按设计图示尺寸以实铺面积计算	1. 压型板安装 2. 护角、包角、泛水安装 3. 嵌缝 4. 刷防护材料
050303007	彩色压型钢板（夹芯板）穹顶				
050303008	玻璃屋面	1. 屋面坡度 2. 龙骨材质、规格 3. 玻璃材质、规格 4. 防护材料种类			1. 制作 2. 运输 3. 安装
050303009	木（防腐木）屋面	1. 木（防腐木）种类 2. 防护层处理			

二、清单工程量计算

计算实例1　草屋面

某房屋顶层由草铺设而成，如图 1-3-8 所示，从上往下依次为 280 mm 厚人工种植土，140 mm 厚珍珠岩过滤层，80 mm 厚碎煤渣排水层，40 mm 厚油毡与沥青防水层，20 mm 厚水泥砂浆找平层，30 mm 厚石棉瓦保温隔热层，20 mm 厚找平层，100 mm 厚结构楼板，20 mm 厚抹灰层，屋面坡度为 0.38，屋面长 50 m，宽 30 m，长与宽的夹角为 60°，计算草屋面工程量。

说明：房屋顶面平面图为平行四边形，计算屋面面积时，可把平行四边形分解成各个规则的矩形和三角形来计算。

图 1-3-8 某草屋顶平面、剖面、平面分解示意图(单位:mm)

§工程量计算过程及结果§

直角三角形 BAF 中,$\dfrac{AB}{AF}=\cos 60°=\dfrac{1}{2}$,$AF=30$ m

可推出 $AB=15$ m,同理 $DE=15$ m

又因为 $AB^2+BF^2=AF^2$,$AB=15$ m,$AF=30$ m

可推出 $BF=25.98$ m,同理 $CE=25.98$ m

$BC=EF=FD-ED=50-15=35$ m

草屋面的工程量 $=S_{ABF}+S_{BCEF}+S_{CDE}=\dfrac{1}{2}$ 底×高 $+$ 长×宽 $+\dfrac{1}{2}$ 底×高

$$=\dfrac{1}{2}\times 15\times 25.98+35\times 25.98+\dfrac{1}{2}\times 15\times 25.98$$

$$=1\ 299.00\ \text{m}^2$$

计算实例 2 竹屋面

某公园中央竹制小屋示意图,如图 1-3-6 所示,小屋长×宽×高为 5 m×4 m×2.5 m,已知竹梁所用竹子直径为 12 cm,长 5.2 m。竹檩条所用竹子直径为 8 cm,长 5 m。竹椽所用竹子直径为 5 cm,长 2.2 m。竹编墙所用竹子直径为 1 cm,采用竹框墙龙骨,竹屋面所用的竹子直径为 1.5 cm,计算竹屋面的工程量。(该屋子有一高 2 m,宽 1.5 m 的门)

§工程量计算过程及结果§

竹屋面的工程量 $=$ 一侧斜面面积×2 $=5.2\times 2.2\times 2=22.88\ \text{m}^2$

说明:该屋子顶层用直径为 15 mm 的竹子铺设而成,其斜面长×宽为 5.2 m×2.2 m。

第三节　花　架

一、清单工程量计算规则（表 1-3-3）

表 1-3-3　花架工程量计算规则

项目编码	项目名称	项目特征	计量单位	工程量计算规则	工程内容
050304001	现浇混凝土花架柱、梁	1.柱截面、高度、根数 2.盖梁截面、高度、根数 3.连系梁截面、高度、根数 4.混凝土强度等级	m³	按设计图示尺寸以体积计算	1.模板制作、运输、安装、拆除、保养 2.混凝土制作、运输、浇筑、振捣、养护
050304002	预制混凝土花架柱、梁	1.柱截面、高度、根数 2.盖梁截面、高度、根数 3.连系梁截面、高度、根数 4.混凝土强度等级 5.砂浆配合比			1.模板制作、运输、安装、拆除、保养 2.混凝土制作、运输、浇筑、振捣、养护 3.构件运输、安装 4.砂浆制作、运输 5.接头灌缝、养护
050304003	金属花架柱、梁	1.钢材品种、规格 2.柱、梁截面 3.油漆品种、刷漆遍数	t	按设计图示尺寸以质量计算	1.制作、运输 2.安装 3.油漆
050304004	木花架柱、梁	1.木材种类 2.柱、梁截面 3.连接方式 4.防护材料种类	m³	按设计图示截面积乘长度（包括榫长）以体积计算	1.构件制作、运输、安装 2.刷防护材料、油漆
050304005	竹花架柱、梁	1.竹种类 2.竹胸径 3.油漆品种、刷漆遍数	1.m 2.根	1.以长度计量，按设计图示花架构尺寸以延长米计算 2.以根计量，按设计图示花架柱、梁数量计算	1.制作 2.运输 3.安装 4.油漆

二、清单工程量计算

计算实例1　现浇混凝土花架柱、梁

例1　某花架柱子局部平面和断面示意图,如图1-3-9所示,各尺寸如图所示,共有30根柱子,计算花架柱、梁的工程量。

§**工程量计算过程及结果**§

$$V = 0.85 \times 0.9 \times 0.12 +$$
$$0.25 \times 0.3 \times 2.65 + \frac{1}{6} \times$$
$$0.14 \times [0.85 \times 0.9 +$$
$$0.25 \times 0.3 + (0.85 +$$
$$0.25) \times (0.3 + 0.9)]$$
$$= 0.34 \text{ m}^3$$

30 根柱子的工程量 = $30 \times 0.34 = 10.20 \text{ m}^3$

图 1-3-9　某花架柱子局部示意图(单位:mm)

例2　某公园花架构造示意图,如图1-3-10所示,公园南、北门各有一套,该花架用现浇混凝土花架柱、梁搭接而成,已知花架总长度为 9.3 m,宽 2.5 m,该花架基础为混凝土基础,厚 60 cm,计算花架柱、梁工程量。

图 1-3-10　花架构造示意图(单位:mm)

《工程量计算过程及结果》

(1)现浇混凝土花架柱的工程量计算

首先根据已知条件及图示计算出花架一侧的柱子数目,设为 x,则有,

$0.25 \times 2 + 0.15x + 1.58(x-1) = 9.3$,得出 $x = 6$

则可得出整个花架共有 $6 \times 2 = 12$ 根柱子。

现浇混凝土花架柱的工程量=柱子底面积×高×12×2=0.15×0.15×2.5×12×2=1.35 m³

(2)现浇混凝土花架梁的工程量计算

花架纵梁的工程量=纵梁断面面积×长度×2×2=0.16×0.08×9.3×2×2=0.48 m³

花架檩条先根据已知条件及图示计算出它的数目,设为 y,则有,

$0.25 \times 2 + 0.12y + 0.5(y-1) = 9.3$,得出 $y = 15$

则共有 15 根檩条。

现浇混凝土花架檩条的工程量=檩条断面面积×长度×15×2

$$= 0.12 \times 0.05 \times 2.5 \times 15 \times 2$$

$$= 0.45 \text{ m}^3$$

例 3 某直线型花架施工示意图,如图 1-3-11 所示,其柱、梁为现浇混凝土柱、梁,且均为矩形,柱截面长 0.16 m,宽 0.16 m,高 2.60 m;横梁截面高 0.13 m,宽 0.05 m,长 2.20 m;纵梁截面高 0.16 m,宽 0.08 m,长 12.20 m。安放柱子时需在地面上挖基础,基础层下为 35 mm 厚粗砂层,基础层宽 0.16 m,长 0.16 m,深 0.30 m,计算花架柱、梁的工程量。

(a)花架立面剖面图

(b)花架平面图

图 1-3-11　花架施工示意图

《工程量计算过程及结果》

(1)现浇混凝土花架柱的工程量计算

花架柱的工程量=柱子底面积×高×10=0.16×0.16×2.6×10=0.67 m³

(2)现浇混凝土花架梁的工程量计算

1)花架纵梁的工程量

V_1＝纵梁断面面积×长度×2＝0.16×0.08×12.20×2＝0.31 m³

2)花架横梁的工程量

V_2＝横梁断面面积×长度×4×4＝0.13×0.05×2.2×16＝0.23 m³

花架梁的工程量＝0.31＋0.23＝0.54 m³

计算实例 2　预制混凝土花架柱、梁

某景区要搭建两座花架,如图 1-3-12 所示,预先按设计尺寸用混凝土浇筑好花架柱、梁、檩条(小横梁)备用。已知柱子(按圆柱计算)直径为 16 cm、长度为 2.8 m,一侧 5 根,梁的断面尺寸为 80 mm×170 mm,檩条断面尺寸为 50 mm×125 mm,两梁间距为 2 m,梁向两边外挑 20 cm,两檩条间距为 0.5 m,向两边外挑 10 cm,两柱子间距为 1.55 m,计算花架柱、梁工程量。

(a)平面图　　　(b)立面图

图 1-3-12　某景区花架构造示意图(单位:mm)

《工程量计算过程及结果》

花架的长度＝0.16×5＋1.55×(5－1)＋0.2×2＝7.40 m

则设该花架有 x 根檩条,则有,

0.125x＋0.5(x－1)＋0.2×2＝7.4,得出 x＝12

预制混凝土花架柱的工程量＝花架柱的底面积×柱长度×5 根×2 侧×2

$$＝3.14×\left(\frac{0.16}{2}\right)^2×2.8×5×2×2$$

$$＝1.13 m$$

预制混凝土花架梁的工程量＝花架梁的底面积×梁长度×2 侧×2

$$＝0.08×0.17×7.4×2×2$$

$$＝0.40 m³$$

预制混凝土花架檩条的工程量＝花架檩条底面积×檩条的长度×12 根×2

$$＝0.05×0.125×(2＋0.17×2＋0.1×2)×12×2$$

$$＝0.38 m³$$

计算实例 3　木花架柱、梁

例 1　某木花架局部平面示意图,如图 1-3-13 所示,用刷喷涂料刷于各檩上,各檩厚 200 mm,计算花架柱、梁工程量。

图 1-3-13　某花架局部平面示意图(单位:mm)

工程量计算过程及结果

花架梁的工程量＝0.22×0.25×4.58×14＝3.53 m³

例 2　某花架采用原木为材料制作,如图 1-3-14 所示,已知花架梁长 6.6 m,宽 2 m,所有的木制构件(木柱、木梁、木檩条)均为正方形面的柱子,檩条长 2.2 m,木柱高 2 m,计算木花架柱、梁工程量。

(a)平面图　　　　　　　　　　(b)立面图

图 1-3-14　花架构造示意图(单位:mm)

1—木梁;2—木檩条;3—木桩

《工程量计算过程及结果》

（1）木梁工程量计算

花架木梁长度为 6.60 m，共 2 根，

木梁的工程量＝木梁底面积×长度×根数＝$0.1×0.1×6.6×2＝0.13$ m³

（2）柱子工程量计算

亭子的木柱长 2 m，根据已知条件及图示尺寸计算，设一侧共有 x 根木柱，则有

$1.8(x-1)+0.2x+0.2×2＝6.6$，得出 $x＝4$

则亭子一侧共有 4 根木柱，则整个共有 $4×2$ 根＝8 根。

木柱的工程量＝木柱底面积×高×根数＝$0.2×0.2×2×8＝0.64$ m³

（3）木檩条工程量计算

檩条长度为 2.2 m，首先根据已知条件计算出亭子共有檩条数，设共有 x 根，则有，

$0.06x+0.2×2＝6.6$，得出 $x＝24$

檩条的工程量＝檩条底面积×檩条长度×根数＝$0.06×0.06×2.2×24＝0.19$ m³

计算实例 4　金属花架柱、梁

例 1　某游乐园有三座用碳素结构钢所建的拱形花架，如图 1-3-15 所示。长度为 6.3 m，所用钢材截面均为 60 mm×100 mm，已知钢材为空心钢 0.05 t/m³，花架采用 40 cm 厚的混凝土作基础，计算金属花架柱、梁工程量。

(a)立面图　　　　(b)平面图

图 1-3-15　某游乐园花架构造示意图（单位：mm）

《工程量计算过程及结果》

（1）设有根数为 x，则根据已知条件有：$0.06x+1.5(x-1)＝6.3$，得出 $x＝5$

碳素结构钢柱子花架的体积＝（两侧矩形钢材体积＋半圆形拱顶钢材体积）×根数

$$＝\left\{(0.06×0.1×1.5×2)+\left[3.14×\left(\frac{2}{2}\right)^2-3.14×\left(\frac{2-0.1×2}{2}\right)^2\right]\right\}×5×3$$

$$＝9.22\ \text{m}^3$$

金属花架柱的工程量＝柱子体积×0.05＝9.22×0.05＝0.461 t

（2）碳素结构钢梁花架的体积＝钢梁的截面面积×梁的长度×根数

$$=0.06×0.1×6.3×7×3＝0.79^3$$

金属花架梁的工程量＝梁的体积×0.05＝0.79×0.05＝0.040 t

例2 某圆形钢筋混凝土结构花架，如图1-3-16所示。花架顶圆形梁外圆半径为5 m，内圆半径为4.4 m，钢筋直径为22 mm。花架小横梁每根长1 m，共24根，钢筋直径为16 mm；花架柱每根长3.0 m，共16根，钢筋直径为28 mm，计算该花架工程量。

(a)平布图　　　　　　　　　　(b)立面图

(c)剖面图

图1-3-16　圆形花架

工程量计算过程及结果

（1）金属花架柱工程量计算

金属花架柱的密度为：4.834 kg/m

金属花架柱的工程量＝3.0×16×4.834＝0.232 t

（2）花架梁的工程量计算

1）金属花架横梁密度：1.578 kg/m

金属花架横梁重量：$W_1＝1×24×1.578＝0.038$ t

2）金属花架顶圆形梁密度：2.984 kg/m

金属花架顶圆形梁重量：$W_2＝2×3.14×[(5-4.4)/2+4.4]×2.984＝0.088$ t

3）花架梁的工程量＝0.038＋0.088＝0.126 t

第四节　园林桌椅

一、清单工程量计算规则(表 1-3-4)

表 1-3-4　园林桌椅工程量计算规则

项目编码	项目名称	项目特征	计量单位	工程量计算规则	工程内容
050305001	预制钢筋混凝土飞来椅	1.座凳面厚度、宽度 2.靠背扶手截面 3.靠背截面 4.座凳楣子形状、尺寸 5.混凝土强度等级 6.砂浆配合比	m	按设计图示尺寸以座凳面中心线长度计算	1.模板制作、运输、安装、拆除、保养 2.混凝土制作、运输、浇筑、振捣、养护 3.构件运输、安装 4.砂浆制作、运输、抹面、养护 5.接头灌缝、养护
050305002	水磨石飞来椅	1.座凳面厚度、宽度 2.靠背扶手截面 3.靠背截面 4.座凳楣子形状、尺寸 5.砂浆配合比			1.砂浆制作、运输 2.制作 3.运输 4.安装
050305003	竹制飞椅	1.竹材种类 2.座凳面厚度、宽度 3.靠背扶手截面 4.靠背截面 5.座凳楣子形状 6.铁件尺寸、厚度 7.防护材料种类			1.座凳面、靠背扶手、靠背、楣子制作、安装 2.铁件安装 3.刷防护材料

续上表

项目编码	项目名称	项目特征	计量单位	工程量计算规则	工程内容
050305004	现浇混凝土桌凳	1.桌凳形状 2.基础尺寸、埋设深度 3.桌面尺寸、支墩高度 4.凳面尺寸、支墩高度 5.混凝土强度等级、砂浆配合比			1.模板制作、运输、安装、拆除、保养 2.混凝土制作、运输、浇筑、振捣、养护 3.砂浆制作、运输
050305005	预制混凝土桌凳	1.桌凳形状 2.基础形状、尺寸、埋设深度 3.桌面形状、尺寸、支墩高度 4.凳面尺寸、支墩高度 5.混凝土强度等级 6.砂浆配合比	个	按设计图示数量计算	1.模板制作、运输、安装、拆除、保养 2.混凝土制作、运输、浇筑、振捣、养护 3.构件运输、安装 4.砂浆制作、运输 5.接头灌缝、养护
050305006	石桌石凳	1.石材种类 2.基础形状、尺寸、埋设深度 3.桌面形状、尺寸、支墩高度 4.凳面尺寸、支墩高度 5.混凝土强度等级 6.砂浆配合比			1.土方挖运 2.桌凳制作 3.桌凳运输 4.桌凳安装 5.砂浆制作、运输
050305007	水磨石桌凳	1.基础形状、尺寸、埋设深度 2.桌面形状、尺寸、支墩高度 3.凳面尺寸、支墩高度 4.混凝土强度等级 5.砂浆配合比			1.桌凳制作 2.桌凳运输 3.桌凳安装 4.砂浆制作、运输

续上表

项目编码	项目名称	项目特征	计量单位	工程量计算规则	工程内容
050305008	塑树根桌凳	1.桌凳直径 2.桌凳高度 3.砖石种类 4.砂浆强度等级、配合比 5.颜料品种、颜色	个	按设计图示数量计算	1.砂浆制作、运输 2.砖石砌筑 3.塑树皮 4.绘制木纹
050305009	塑树节椅				
0503050010	塑料、铁艺、金属椅	1.木座板面截面 2.座椅规格、颜色 3.混凝土强度等级 4.防护材料种类			1.制作 2.安装 3.刷防护材料

二、清单工程量计算

计算实例 1　预制钢筋混凝土飞来椅

某公园现要预制钢筋混凝土飞来椅,如图 1-3-17 所示,所用弯起钢筋为 30°角,弯起高度为 330 mm,钢筋直径为 4 mm,该飞来椅制作共用了 5 根该种型号的钢筋。为了景观需要,在椅子的表面涂抹了一层水泥,并用油漆绘图装饰,计算飞来椅工程量。

(a)立面图

(b)侧面图

图　1-3-17

(c)靠背剖面图　　　　　　　　(d)座面剖面图

图 1-3-17　钢筋混凝土飞来椅构造示意图(单位:mm)

§ 工程量计算过程及结果 §

预制钢筋混凝土飞来椅的工程量＝1.2 m

计算实例 2　现浇混凝土桌凳

某公园用混凝土浇筑成两套棋盘桌,如图 1-3-18 所示。在公园东西角各一套,供游人休息娱乐之用,桌凳的面层材料为 25 mm 厚白色水磨石面层,桌面形状为正方形,凳面形状为圆形,桌凳基础用 80 mm 厚混合料,基础周边比支墩延长 100 mm,所用现浇钢筋的规格有 $\phi6$ 和 $\phi4$,计算混凝土桌凳工程量。

图 1-3-18　某公园现浇混凝土构造示意图(单位:mm)

┌─────────────────────────┐
│ **工程量计算过程及结果** │
└─────────────────────────┘

现浇混凝土桌的工程量＝2 个

现浇混凝土凳的工程量＝4 个

计算实例3 预制混凝土桌凳

某社区预制混凝土桌凳示意图,如图 1-3-19～图 1-3-25 所示,满足了社区规划的需求,以供人们休息之用,计算桌凳工程量。

图 1-3-19 预制混凝土桌凳组合平面图(单位:mm)

注:方桌边长为 1500 mm;圆凳半径为 180 mm。

图 1-3-20 预制混凝土桌立面图(单位:mm)

注:1.方式板桌;2.C25 混凝土,外刷浅绿色涂料;3.桌高为 800 mm;4.$L_1=635$ mm,$L_2=185$ mm。

图 1-3-21 预制混凝土凳立面图(单位:mm)

注:圆柱式板凳;C25 混凝土,外刷浅绿色涂料;凳高为 400 mm,坐凳面宽360 mm;数量为 4 个。

图 1-3-22　预制混凝土桌基础剖面图(单位:mm)

图 1-3-23　预制混凝土凳基础剖面图(单位:mm)

图 1-3-24　圆台体示意图　　　　图 1-3-25　圆柱体示意图
注:底半径为 r;下底半径为 R。

《工程量计算过程及结果》

预制混凝土桌的工程量=1 个

预制混凝土凳的工程量=4 个

计算实例4　石桌石凳

某小区有一组圆形大理石石桌凳,如图 1-3-26 所示,桌面下支墩长 0.9 m,宽 0.9 m,凳子直径 0.5 m 的圆形,桌凳的基础用 3∶7 灰土材料制成,基础厚 150 mm,其四周比支墩放宽 100 mm,基础层下为 20 厚 1∶3 水泥砂浆混合料结合层,30 厚混凝土,70 厚碎石垫层,素土夯实,计算石桌石凳工程量。

(a)平面图 (b)断面图

150 mm厚3:7灰土基础
20 mm厚1:3水泥砂浆混合料结合层
30 mm厚混凝土
70 mm厚碎石垫层
素土夯实

图 1-3-26 石桌凳结构示意图

《工程量计算过程及结果》

石桌的工程量＝1 个

石凳的工程量＝6 个

计算实例5 塑树根桌凳

某公园塑成树根状桌、凳，如图 1-3-27～图 1-3-29 所示，在该公园，塑树根桌的数量为 4 个，塑树根凳的数量为 20 个，计算塑树根桌凳工程量。

《工程量计算过程及结果》

塑树根桌的工程量＝4 个

塑树根凳的工程量＝20 个

图 1-3-27 塑树根桌凳局部立面图

注:塑该树根桌的数量为 4 个;
塑该树根凳的数量为 20 个。

图 1-3-28 塑树根桌凳局部平面图(单位:mm)

注:所塑树根凳的半径平均为 180 mm;
所塑树根桌的半径平均为 400 mm。

图 1-3-29　塑树根桌剖面图(单位:mm)

注:塑树根凳做法同桌;塑树根凳埋入土中毛石基础为 120 mm;塑树根凳高为 400 mm。

计算实例 6　塑树节椅

某公园花坛旁边放有塑松树皮节椅供游人休息,如图 1-3-30 所示,椅子高 0.4 m,直径为 0.4 m,椅子内用砖石砌筑,砌筑后先用水泥砂浆找平,再在外表用水泥砂浆粉饰出松树皮节外形。椅子下为 50 厚混凝土,80 厚 3∶7 灰土垫层,素土夯实,计算塑树节椅工程量。

图 1-3-30　塑松树皮节椅示意图(单位:mm)

工程量计算过程及结果

塑树节椅的工程量＝6 个

计算实例 7　塑料、铁艺、金属椅

某圆形广场座椅构造示意图,如图 1-3-31 所示,供游人休息观赏之用。已知广场直径为 25 m,凳子围绕着广场以 40°角方向进行布置。椅子的座面及靠背材料为塑料,扶手及凳腿是

用生铁浇铸而成。铁构件表面刷防锈漆一道,调和漆两道,计算金属椅工程量。

产品类别	广场休闲椅子
产品风格	现代、简约
产品材质	塑料、生铁
有无扶手	有(高200 mm)
有无靠背	有
标准长度	1 500 mm
标准宽高	400 mm、450 mm
适用场合	户外、公园、园林、小区等

(a)立体图和参数

(b)平面图

图 1-3-31　某广场座椅构造示意图(单位:mm)

《工程量计算过程及结果》

金属椅的工程量 $= \dfrac{360°}{40°} = 9$ 个

说明:椅子是围绕着圆形广场以40°角方向进行布置,椅子数量需用360°除以40°得到。

第五节　喷泉安装

一、清单工程量计算规则(表 1-3-5)

表 1-3-5　喷泉安装工程量计算规则

项目编码	项目名称	项目特征	计量单位	工程量计算规则	工程内容
050306001	喷泉管道	1.管材、管件、阀门、喷头品种 2.管道固定方式 3.防护材料种类	m	按设计图示管道中心线长度以延长米计算,不扣除检查(阀门)井、阀门、管件及附件所占的长度	1.土(石)方挖运 2.管材、管件、阀门、喷头安装 3.刷防护材料 4.回填
050306002	喷泉电缆	1.保护管品种、规格 2.电缆品种、规格		按设计图示单根电缆长度	1.土(石)方挖运 2.电缆保护管安装 3.电缆敷设 4.回填

续上表

项目编码	项目名称	项目特征	计量单位	工程量计算规则	工程内容
050306003	水下艺术装饰灯具	1.灯具品种、规格 2.灯光颜色	套	按设计图示数量计算	1.灯具安装 2.支架制作、运输、安装
050306004	电气控制柜	1.规格、型号 2.安装方式			1.电气控制柜(箱)安装 2.系统调试
050306005	喷泉设备	1.设备品种 2.设备规格、型号 3.防护网品种、规格	台		1.设备安装 2.系统调试 3.防护网安装

二、清单工程量计算

计算实例1　喷泉管道

例1　某公共绿地中心建有一个半径为 4 m 的小型喷泉,如图 1-3-32 所示。管道采用螺纹连接的焊接钢管材料,管道表面刷防护材料沥青漆两道,有低压塑料螺纹阀门 2 个,D_W 为 30,DN＝35 螺纹连接水表一组,计算喷泉管道工程量。

图 1-3-32　喷泉管线喷头布置示意图(单位:mm)

1—进水坑;2—泄水坑;3—吸水管;

4—进水管(接喷嘴);5—泄水管;6—溢流管

§工程量计算过程及结果§

(1)DN30 的焊接钢管(螺纹连接)工程量＝0.38＋9.62＝10.00 m

(2)DN25 的焊接钢管(螺纹连接)工程量＝9.62 m

(3)DN20 的焊接钢管(螺纹连接)工程量＝2×8＋3.14×1＝19.14 m

(4)DN35 的焊接钢管(螺纹连接)工程量＝9.62 m

例 2　某广场圆形喷水池内部示意图,如图 1-3-33 所示,池底装有彩色照明灯和喷泉管道,喷泉管道每根长 8 m。喷水池总高为 1.5 m,埋地下 0.5 m,喷水池半径为 5 m,用砖砌池壁,池壁宽 0.3 m,内外面用水泥砂浆抹平,池底为现场搅拌混凝土池底,池底厚 30 cm。池底从上往下依次为防水砂浆,二毡三油沥青卷材防水层,120 mm 厚素混凝土,100 mm 厚混合料垫层,素土夯实。计算喷泉管道工程量。

(a)圆形喷水池平面图

(b)池底剖面图

图 1-3-33　圆形喷水池内部示意图

§工程量计算过程及结果§

喷泉管道的工程量＝8×8＝64 m

例 3　某水池喷泉,如图 1-3-34 所示,喷泉所用管道及附属构件见下表,计算该水池喷泉的工程量。

喷泉所用管道及附属构件一览表

名称	特征描述	数量
喷头		4
给水管	DN45,20 m	

续上表

名称	特征描述	数量
排水管	DN45,15 m	
溢流管	DN35,10 m	
止回隔断阀门	DN45,低压塑料螺纹阀门	1
阀门	DN45	2

(a)水池喷泉管道布置示意图

1—排水管；2—泄水管；3—道流管；4—喷头；5—止回隔断阀；6—给水管

15厚大理石贴面
15厚找平层(水泥砂浆)
15厚防水卷材
15厚结合层(水泥砂浆)

条石压顶
15厚水泥砂浆结合层
砖砌体
15厚水泥砂浆找平层
C10混凝土
3：7灰土垫层
素土夯实

(b)池底、池壁剖面图

(c)喷泉池尺寸

图 1-3-34 喷泉结构示意图(单位:mm)

工程量计算过程及结果

DN45 给水管的工程量＝20.00 m

DN45 排水管的工程量＝15.00 m

DN35 溢流管的工程量＝10.00 m

计算实例 2　电气控制柜

某海洋馆内喷泉示意图,如图 1-3-35 所示。所有供水管道均为螺纹连接镀锌钢管,供电电缆外径为 0.4 cm,外以 UPVC 管为材料作保护管,管厚 2 mm。每个喷头后面均装有投光灯二套,配有一台照明配电箱(内有总刀开关一台,分支刀开关 5 台及熔断器)、一台供水动力配电箱(内有总刀开关一台,分支刀开关 3 台及熔断器,DN35 的低压螺纹阀门一个,DN30 的螺纹连接水表 2 组),计算电气控制柜工程量。

图 1-3-35　某海洋馆内喷泉示意图

电气控制柜的工程量＝2 台

说明:包括照明配电箱 1 台(内有总刀开关一台,分支刀开关及熔断器 5 台);供水动力配电箱 1 台(内有总刀开关一台,分支刀开关及熔断器 3 台,DN35 的低压螺纹阀门一个,DN30 的螺纹连接水表 2 组)。

第六节　杂　项

一、清单工程量计算规则(表 1-3-6)

表 1-3-6　杂项工程量计算规则

项目编码	项目名称	项目特征	计量单位	工程量计算规则	工程内容
050307001	石灯	1.石料种类 2.石灯最大截面 3.石灯高度 4.砂浆配合比	个	按设计图示数量计算	1.制作 2.安装

项目编码	项目名称	项目特征	计量单位	工程量计算规则	工程内容
050307002	石灯	1.石料种类 2.球体直径 3.砂浆配合比	个	按设计图示数量计算	1.制作 2.安装
050307003	塑仿石音箱	1.音箱石内空尺寸 2.铁丝型号 3.砂浆配合比 4.水泥漆颜色			1.胎模制作、安装 2.铁丝网制作、安装 3.砂浆制作、运输 4.喷水泥漆 5.埋置仿石音箱
050306004	塑树皮梁、柱	1.塑树种类 2.塑竹种类 3.砂浆配合比 4.颜色品种、颜色	1.m² 2.m	1.以平方米计量,按设计图示尺寸以梁柱外表面积计算 2.以米计量,按设计图示尺寸以构件长度计算	1.灰塑 2.刷涂颜料
050306005	塑竹梁、柱				
050307006	铁艺栏杆	1.铁艺栏杆高度 2.铁艺栏杆单位长度重量 3.防护材料种类	m	按设计图示尺寸以长度计算	1.铁艺栏杆安装 2.刷防护材料
050307007	塑料栏杆	1.栏杆高度 2.塑料种类			1.下料 2.安装 3.校正
050307008	钢筋混凝土艺术围栏	1.围栏高度 2.混凝土强度等级 3.表面涂敷材料种类	1.m² 2.m	1.以平方米计量,按设计图示尺寸以面积计算 2.以米计量,按设计图示尺寸以延长米计算	1.制作 2.运输 3.安装 4.砂浆制作、运输 5.接头灌缝、养护

续上表

项目编码	项目名称	项目特征	计量单位	工程量计算规则	工程内容
050307009	标志牌	1.材料种类、规格 2.镌字规格、种类 3.喷字规格、颜色 4.油漆品种、颜色	个	按设计图示数量计算	1.选料 2.标志牌制作 3.雕凿 4.镌字、喷字 5.运输、安装 6.刷油漆
050307010	景墙	1.土质类别 2.垫层材料种类 3.基础材料种类、规格 4.墙体材料种类、规格 5.墙体厚度 6.混凝土、砂浆强度等级、配合比 7.饰面材料种类	1. m³ 2. 段	1.以立方米计量,按设计图示尺寸以体积计算 2.以段计量,按设计图示尺寸以数量计算	1.土(石)方挖运 2.垫层、基础铺设 3.墙体砌筑 4.面层铺贴
050307011	景窗	1.景窗材料品种、规格 2.混凝土强度等级 3.砂浆强度等级、配合比 4.涂刷材料品种	m²	按设计图示尺寸以面积计算	1.制作 2.运输 3.砌筑安放 4.勾缝 5.表面涂刷
050307012	花饰	1.花饰材料品种、规格 2.砂浆配合比 3.涂刷材料品种			
050307013	博古架	1.博古架材料品种、规格 2.混凝土强度等级 3.砂浆配合比 4.涂刷材料品种	1. m² 2. m 3. 个	1.以平方米计量,按设计图示尺寸以面积计算 2.以米计量,按设计图示尺寸以延长米计算 3.以个计量,按设计图示数量计算	1.制作 2.运输 3.砌筑安放 4.勾缝 5.表面涂刷

续上表

项目编码	项目名称	项目特征	计量单位	工程量计算规则	工程内容
050307014	花盆(坛、箱)	1.花盆(坛)的材质及类型 2.规格尺寸 3.混凝土强度等级 4.砂浆配合比	个	按设计图示尺寸以数量计算	1.制作 2.运输 3.安放
050307015	摆花	1.花盆(钵)的材质及类型 2.花卉品种与规格	1.m² 2.个	1.以平方米计量,按设计图示尺寸以水平投影面积计算 2.以个计量,按设计图示数量计算	1.搬运 2.安放 3.养护 4.撤收
050307016	花池	1.土质类别 2.池壁材料种类、规格 3.混凝土、砂浆强度等级、配合比 4.饰面材料种类	1.m³ 2.m 3.个	1.以立方米计量,按设计图示尺寸以体积计算 2.以米计量,按设计图示尺寸以池壁中心线处延长米计算 3.以个计量,按设计图示数量计算	1.垫层铺设 2.基础砌(浇)筑 3.墙体砌(浇)筑 4.面层铺贴
050307017	垃圾箱	1.垃圾箱材质 2.规格尺寸 3.混凝土强度等级 4.砂浆配合比	个	按设计图示尺寸以数量计算	1.制作 2.运输 3.安放
050307018	砖石砌小摆设	1.砖种类、规格 2.石种类、规格 3.砂浆强度等级、配合比 4.石表面加工要求 5.勾缝要求	1.m³ 2.个	1.以立方米计量,按设计图示尺寸以体积计算 2.以个计量,按设计图示尺寸以数量计算	1.砂浆制作、运输 2.砌砖、石 3.抹面、养护 4.勾缝 5.石表面加工
050307019	其他景观小摆设	1.名称及材质 2.规格尺寸	个	按设计图示尺寸以数量计算	1.制作 2.运输 3.安装
050307020	柔性水池	1.水池深度 2.防水(漏)材料品种	m²	按设计图示尺寸以水平投影面积计算	1.清理基层 2.材料裁接 3.铺设

二、清单工程量计算

计算实例1　石灯

某景区石灯示意图,如图 1-3-36 所示,该石灯共有 28 个,材料为青白石,所用灯具均为 70 W普通白炽灯,计算石灯工程量。

(a)平面图　　　(b)立面图

图 1-3-36　石灯示意图(单位:mm)

§工程量计算过程及结果§

石灯的工程量=28 个

计算实例2　塑树皮梁、柱

某庭园半圆形花架示意图,如图 1-3-37 所示,花架柱、梁全为长方形,柱、梁为砖砌,外面用水泥抹面,再用水泥砂浆找平,最后用水泥砂浆粉饰出树皮外形,水泥厚为 0.05 m,水泥抹面厚 0.03 m,水泥砂浆找平层厚 0.01 m。花架柱高 2.8 m,截面长 0.6 m,宽 0.4 m,花架横梁每根长 1.5 m,截面长 0.3 m,宽 0.3 m;纵梁长 13 m,截面长 0.3 m,宽 0.3 m;花架柱埋入地下 0.5 m,所挖坑的长、宽都比柱的截面的长、宽各多出 0.1 m,柱下为 25 mm 厚1:3 白灰砂浆,150 mm 厚3:7 灰土,200 mm 厚砂垫层,素土夯实。计算塑树皮梁、柱工程量。

(a)平面图

图　1-3-37

(b)立面图

25厚1:3白灰砂浆
150厚3:7灰土
200厚砂垫层
素土夯实

(c)垫层剖面图

图 1-3-37　花架示意图

1—花架柱；2—纵梁；3—横梁

工程量计算过程及结果

(1)塑树皮柱的工程量＝2.8×12＝33.60 m

(2)塑树皮梁的工程量＝$L_{横梁}$＋$L_{纵梁}$＝1.5×6＋13×2＝9＋26＝35.00 m

计算实例3　塑竹梁、柱

某小游园中凉亭塑竹柱、梁，如图 1-3-38 所示，凉亭柱高 3.2 m，共 4 根，梁长 2 m，共 4 根。梁、柱用角铁作芯，外用水泥砂浆塑面，做出竹节，最外层涂有灰面乳胶漆 3 道。柱子截面半径为0.2 m，梁截面半径为 0.1 m，亭柱埋入地下 0.5 m。亭顶面为等边三角形，边长为 6 m，亭顶面板制作厚度为 2 cm，亭面坡度为 1:40。亭子高出地面 0.3 m，为砖基础，表面铺水泥，砖基础下为50 mm 厚混凝土，100 mm 厚中砂，120 mm 厚 3:7 灰土垫层，素土夯实。计算塑竹梁、柱工程量。

工程量计算过程及结果

塑竹柱的工程量＝$2\pi \cdot R \cdot H \times$根数

　　　　　　　　＝2×3.14×0.2×3.2×4

　　　　　　　　＝16.08 m²

塑竹梁的工程量＝$2\pi \cdot r \cdot h \times$根数

　　　　　　　　＝2×3.14×0.1×2×4

　　　　　　　　＝5.02 m²

图 1-3-38 塑竹凉亭示意图(单位:mm)

计算实例4 铁艺栏杆

例1 某景区内圆形花坛示意图,如图 1-3-39 所示,已知花坛外围直径为 4.24 m,花坛边缘有用铁件制作安装的栏杆,高 20 cm,已知铁栏杆 6.3 kg/m²,且表面涂防锈漆一遍,调和漆两遍,计算栏杆工程量。

图 1-3-39 圆形花坛示意图(单位:mm)

栏杆的工程量＝(3.76＋0.12×2)×3.14＝12.56 m(栏杆高度为 0.2 m)

例 2 某广场中间有一正方形花坛,如图 1-3-40 所示,花坛边长为 4 m,高 1 m,花坛围墙为砖砌无空花围墙,厚 0.7 m,先在围墙上抹水泥砂浆,再在外面贴上花岗石。沿花坛表面有一圈铁栅栏以防止有人破坏花坛中花草。铁栅栏为长方体,高 30 cm,截面长 10 cm,宽 8 cm,两根栅栏之间的距离为 20 cm,连接两根栅栏之间距离的铁栏杆长 20 cm,宽 5 cm,栏杆表面刷有防锈漆一道,调合漆两道。计算栏杆工程量。

(a)平面示意图　　　　　　　　　　(b)立面示意图

(c)基础层断面图

图 1-3-40　花坛铁栏杆示意图

铁栅栏根数＝$\dfrac{4\times4}{0.2}$＝80 根

铁栅栏长度＝0.1×80＝8 m

栏杆的工程量＝4×4－8＝8 m

计算实例 5 标志牌

某公园在各个园路口设置标志牌,如图 1-3-41 所示,以避免人们践踏小草,计算标志牌工程量。

(a)标志牌立面图

(b)标志牌布置图

图 1-3-41 某公园园路口标志牌设置图

标志牌的工程量=10 个

计算实例 6 砖石砌小摆设

例 1 某景区圆形花坛构造示意图,如图 1-3-39 所示,已知花坛外围直径为 4.24 m,花坛边缘有用铁件制作安装的栏杆,高 20 cm,已知铁栏杆 6.3 kg/m²,且表面涂防锈漆一遍,调和漆两遍,计算砖石砌小摆设工程量。

花坛砖砌小摆设的工程量＝砖墙砌筑底面积×高

$$= (3.76+0.12\times2)\times3.14\times0.24\times(0.2+0.3)$$

$$= 1.51\ \text{m}^3$$

例 2 某园路园灯布置图,如图 1-3-42 所示,园路长 20 m,宽 3m,两侧布置园灯,园灯采用双侧对称布置形式,两灯之间间隔 4 m,计算灯柱工程量(有一个电器控制柜,内有总刀开关一个,分支开关 2 个和熔断器)。

图 1-3-42　园路园灯布置图(单位:mm)

1—白色砂浆;2—砖砌体;3—木垫板;4—接线盒;5—铁盖

§ 工程量计算过程及结果 §

预制钢筋混凝土灯柱的工程量就是计算灯柱所用钢筋混凝土的体积。

图示灯柱形状为圆锥台形状,计算圆锥台体积有如下公式:

$$V = \frac{1}{3}\pi h(r_1^2 + r_2^2 + r_1 r_2)$$

式中　h ——圆台高度(m);

r_1 ——圆台上底面半径(m^2);

r_2 ——圆台下底面半径(m^2);

V ——圆台体积(m^3)。

$$V_{灯柱} = \frac{1}{3} \times 3.14 \times 2.7 \times \left[\left(\frac{0.18}{2}\right)^2 + \left(\frac{0.2}{2}\right)^2 + \frac{0.18}{2} \times \frac{0.2}{2}\right] = 0.08 \ m^3$$

园灯个数 = [(20÷4)+1]×2 = 12 个

则所用园灯共需钢筋混凝土的体积 = 0.08×12 = 0.96 m^3

园灯灯座部分的钢筋混凝土:

$$V_{灯座} = 3.14 \times \left(\frac{0.2}{2}\right)^2 \times (3.6 - 2.7) = 3.14 \times 0.01 \times 0.9 = 0.03 \ m^3$$

则所用园灯底座共需部分的钢筋混凝土的体积 = 0.03×12 = 0.36 m^3

砖砌小摆设的工程量 = 钢筋混凝土的总工程量 = 0.96+0.36 = 1.32 m^3

第二部分　工程计价

第一章　建设工程造价构成

第一节　设备及工器具购置费用的构成和计算

一、设备购置费

设备购置费是指购置或自制的达到固定资产标准的设备、工器具及生产家具等所需的费用。它由设备原价和设备运杂费构成。

$$设备购置费＝设备原价＋设备运杂费 \qquad (2\text{-}1\text{-}1)$$

其中,设备原价指国产设备或进口设备的原价;设备运杂费指除设备原价之外的关于设备采购、运输、途中包装及仓库保管等方面支出费用的总和。

(一)国产设备原价

国产设备原价一般指的是设备制造厂的交货价,或订货合同价。它一般根据生产厂或供应商的询价、报价、合同价确定,或采用一定的方法计算确定。国产设备原价分为国产标准设备原价和国产非标准设备原价。

1.国产标准设备原价

国产标准设备是指按照主管部门颁布的标准图纸和技术要求,由我国设备生产厂批量生产的,符合国家质量检测标准的设备。国产标准设备原价有两种,即带有备件的原价和不带有备件的原价。在计算时,一般采用带有备件的原价。国产标准设备一般有完善的设备交易市场,因此可通过查询相关交易市场价格或向设备生产厂家询价得到国产标准设备原价。

2.国产非标准设备原价

国产非标准设备是指国家尚无定型标准,各设备生产厂不可能在工艺过程中采用批量生产,只能按订货要求并根据具体的设计图纸制造的设备。非标准设备由于单件生产、无定型标准,所以无法获取市场交易价格,只能按其成本构成或相关技术参数估算其价格。非标准设备原价有多种不同的计算方法,如成本计算估价法、系列设备插入估价法、分部组合估价法、定额估价法等。但无论采用哪种方法都应该使非标准设备计价接近实际出厂价,并且计算方法要简便。其中成本计算估价法是一种比较常用的估算非标准设备原价的方法。按成本计算估价法,非标准设备的原价由以下各项组成,具体见表2-1-1。

表 2-1-1 非标准设备原价的组成

序号	项 目	内 容
1	材料费	其计算公式如下： 材料费＝材料净重×(1＋加工损耗系数)×每吨材料综合价
2	加工费	包括生产工人工资和工资附加费、燃料动力费、设备折旧费、车间经费等。其计算公式如下： 加工费＝设备总重量(吨)×设备每吨加工费
3	辅助材料费 (简称辅材费)	包括焊条、焊丝、氧气、氩气、氮气、油漆、电石等费用。其计算公式如下： 辅助材料费＝设备总重量×辅助材料费指标
4	专用工具费	按 1～3 项之和乘以一定百分比计算
5	废品损失费	按 1～4 项之和乘以一定百分比计算
6	外购配套件费	按设备设计图纸所列的外购配套件的名称、型号、规格、数量、重量，根据相应的价格加运杂费计算
7	包装费	按 1～6 项之和乘以一定百分比计算
8	利润	可按 1～5 项加第 7 项之和乘以一定利润率计算
9	税金	主要指增值税(虽然根据 2008 年 11 月 5 日国务院第 34 次常务会议修订通过的《中华人民共和国增值税暂行条例》，删除了有关不得抵扣购进固定资产的进项税额的规定，允许纳税人抵扣购进固定资产的进项税额，但由于增值税仍然是项目投资过程中所必须支付的费用之一，因此在估算设备原价时，依然包括增值税项)。计算公式如下： 增值税＝当期销项税额－进项税额 当期销项税额＝销售额×适用增值税率
10	非标准设备设计费	按国家规定的设计费收费标准计算

根据表 2-1-1 可知单台非标准设备原价可用下面的公式表达：

单台非标准设备原价＝{[(材料费＋加工费＋辅助材料费)×(1＋专用工具费率)×(1＋废品损失费率)＋外购配套件费]×(1＋包装费率)－外购配套件费}×(1＋利润率)＋销项税额＋非标准设备设计费＋外购配套件费

(2-1-2)

(二)进口设备原价

进口设备的原价是指进口设备的抵岸价，即设备抵达买方边境、港口或车站，交纳完各种手续费、税费后形成的价格。抵岸价通常是由进口设备到岸价(CIF)和进口从属费构成。进口设备的到岸价，即抵达买方边境港口或边境车站的价格。在国际贸易中，交易双方所使用的交货类别不同，则交易价格的构成内容也有所差异。进口从属费用包括银行财务费、外贸手续费、进口关税、消费税、进口环节增值税等，进口车辆的还需缴纳车辆购置税。

1.进口设备的交易价格

在国际贸易中，较为广泛使用的交易价格术语有 FOB、CFR 和 CIF。

(1)FOB,意为装运港船上交货,亦称为离岸价格。FOB 术语是指当货物在指定的装运港越过船舷,卖方即完成交货义务。风险转移,以在指定的装运港货物越过船舷时为分界点。费用划分与风险转移的分界点相一致。

在 FOB 交货方式下,卖方的基本义务有:

1)办理出口清关手续,自负风险和费用,领取出口许可证及其他官方文件。

2)在约定的日期或期限内,在合同规定的装运港,按港口惯常的方式,把货物装上买方指定的船只,并及时通知买方。

3)承担货物在装运港越过船舷之前的一切费用和风险。

4)向买方提供商业发票和证明货物已交至船上的装运单据或具有同等效力的电子单证。

在 FOB 交货方式下,买方的基本义务有:

1)负责租船订舱,按时派船到合同约定的装运港接运货物,支付运费,并将船期、船名及装船地点及时通知卖方。

2)负担货物在装运港越过船舷后的各种费用以及货物灭失或损坏的一切风险。

3)负责获取进口许可证或其他官方文件,以及办理货物入境手续。

4)受领卖方提供的各种单证,按合同规定支付货款。

(2)CFR,意为成本加运费,或称之为运费在内价。CFR 是指在装运港货物越过船舷卖方即完成交货,卖方必须支付将货物运至指定的目的港所需的运费和费用,但交货后货物灭失或损坏的风险,以及由于各种事件造成的任何额外费用,则由卖方转移到买方。与 FOB 价格相比,CFR 的费用划分与风险转移的分界点是不一致的。

在 CFR 交货方式下,卖方的基本义务有:

1)提供合同规定的货物,负责订立运输合同,并租船订舱,在合同规定的装运港和规定的期限内,将货物装上船并及时通知买方,支付运至目的港的运费。

2)负责办理出口清关手续,提供出口许可证或其他官方批准的文件。

3)承担货物在装运港越过船舷之前的一切费用和风险。

4)按合同规定提供正式有效的运输单据、发票或具有同等效力的电子单证。

在 CFR 交货方式下,买方的基本义务有:

1)承担货物在装运港越过船舷以后的一切风险及运输途中因遭遇风险所引起的额外费用。

2)在合同规定的目的港受领货物,办理进口清关手续,交纳进口税。

3)受领卖方提供的各种约定的单证,并按合同规定支付货款。

(3)CIF,意为成本加保险费、运费,习惯称到岸价格。在 CIF 术语中,卖方除负有与 CFR 相同的义务外,还应办理货物在运输途中最低险别的海运保险,并应支付保险费。如买方需要更高的保险险别,则需要与卖方明确地达成协议,或者自行作出额外的保险安排。除保险这项义务之外,买方的义务与 CFR 相同。

2.进口设备到岸价

进口设备到岸价的计算公式如下:

$$进口设备到岸价(CIF)=离岸价格(FOB)+国际运费+运输保险费$$
$$=运费在内价(CFR)+运输保险费 \tag{2-1-3}$$

(1)货价。一般指装运港船上交货价(FOB)。设备货价分为原币货价和人民币货价,原币货价一律折算为美元表示,人民币货价按原币货价乘以外汇市场美元兑换人民币汇率中间价确定。进口设备货价按有关生产厂商询价、报价、订货合同价计算。

（2）国际运费。即从装运港（站）到达我国目的港（站）的运费。我国进口设备大部分采用海洋运输，小部分采用铁路运输，个别采用航空运输。进口设备国际运费计算公式为：

$$国际运费（海、陆、空）= 原币货价（FOB）× 运费率 \qquad (2\text{-}1\text{-}4)$$

$$国际运费（海、陆、空）= 单位运价 × 运量 \qquad (2\text{-}1\text{-}5)$$

其中，运费率或单位运价参照有关部门或进出口公司的规定执行。

（3）运输保险费。对外贸易货物运输保险是由保险人（保险公司）与被保险人（出口人或进口人）订立保险契约，在被保险人交付议定的保险费后，保险人根据保险契约的规定对货物在运输过程中发生的承保责任范围内的损失给予经济上的补偿。这是一种财产保险。计算公式为：

$$运输保险费 = \frac{原币货价（FOB）+ 国外运费}{1 - 保险费率} × 保险费率 \qquad (2\text{-}1\text{-}6)$$

其中，保险费率按保险公司规定的进口货物保险费率计算。

3.进口从属费

进口从属费的计算公式如下：

进口从属费 = 银行财务费 + 外贸手续费 + 关税 + 消费税 + 进口环节增值税 + 车辆购置税

$$\qquad (2\text{-}1\text{-}7)$$

（1）银行财务费。一般是指在国际贸易结算中，中国银行为进出口商提供金融结算服务所收取的费用，可按下式简化计算：

$$银行财务费 = 离岸价格（FOB）× 人民币外汇汇率 × 银行财务费率 \qquad (2\text{-}1\text{-}8)$$

（2）外贸手续费。指按规定的外贸手续费率计取的费用，外贸手续费率一般取 1.5%。计算公式为：

$$外贸手续费 = 到岸价格（CIF）× 人民币外汇汇率 × 外贸手续费率 \qquad (2\text{-}1\text{-}9)$$

（3）关税。由海关对进出国境或关境的货物和物品征收的一种税。计算公式为：

$$关税 = 到岸价格（CIF）× 人民币外汇汇率 × 进口关税税率 \qquad (2\text{-}1\text{-}10)$$

到岸价格作为关税的计征基数时，通常又可称为关税完税价格。进口关税税率分为优惠和普通两种。优惠税率适用于与我国签订关税互惠条款的贸易条约或协定的国家的进口设备；普通税率适用于与我国未签订关税互惠条款的贸易条约或协定的国家的进口设备。进口关税税率按我国海关总署发布的进口关税税率计算。

（4）消费税。仅对部分进口设备（如轿车、摩托车等）征收，一般计算公式为：

$$应纳消费税税额 = \frac{到岸价格（CIF）× 人民币外汇汇率 + 关税}{1 - 消费税税率（\%）} × 消费税税率 \qquad (2\text{-}1\text{-}11)$$

其中，消费税税率根据规定的税率计算。

（5）进口环节增值税。是对从事进口贸易的单位和个人，在进口商品报关进口后征收的税种。我国增值税条例规定，进口应税产品均按组成计税价格和增值税税率直接计算应纳税额。即：

$$进口环节增值税额 = 组成计税价格 × 增值税税率 \qquad (2\text{-}1\text{-}12)$$

$$组成计税价格 = 关税完税价格 + 关税 + 消费税 \qquad (2\text{-}1\text{-}13)$$

增值税税率根据规定的税率计算。

（6）车辆购置税。进口车辆需缴纳进口车辆购置税，其公式如下：

进口车辆购置税＝(关税完税价格＋关税＋消费税)×车辆购置税率 　　(2-1-14)

(三)设备运杂费

设备运杂费的内容见表2-1-2。

表 2-1-2　设备运杂费

项　目		内　容
概念		设备运杂费是指国内采购设备自来源地、国外采购设备自到岸港运至工地仓库或指定堆放地点发生的采购、运输、运输保险、保管、装卸等费用
构成	运费和装卸费	国产设备由设备制造厂交货地点起至工地仓库(或施工组织设计指定的需要安装设备的堆放地点)止所发生的运费和装卸费;进口设备则由我国到岸港口或边境车站起至工地仓库(或施工组织设计指定的需安装设备的堆放地点)止所发生的运费和装卸费
	包装费	在设备原价中没有包含的,为运输而进行的包装支出的各种费用
	设备供销部门的手续费	按有关部门规定的统一费率计算
	采购与仓库保管费	指采购、验收、保管和收发设备所发生的各种费用,包括设备采购人员、保管人员和管理人员的工资、工资附加费、办公费、差旅交通费,设备供应部门办公和仓库所占固定资产使用费、工具用具使用费、劳动保护费、检验试验费等。这些费用可按主管部门规定的采购与保管费费率计算
计算		设备运杂费按下式计算: 设备运杂费＝设备原价×设备运杂费率 其中,设备运杂费率按各部门及省、市有关规定计取

二、工器具及生产家具购置费的构成和计算

工器具及生产家具购置费,是指新建或扩建项目初步设计规定的,保证初期正常生产必须购置的没有达到固定资产标准的设备、仪器、工卡模具、器具、生产家具和备品备件等的购置费用。

一般以设备购置费为计算基数,按照部门或行业规定的工具、器具及生产家具费率计算。计算公式为:

工器具及生产家具购置费＝设备购置费×定额费率 　　(2-1-15)

第二节　建筑安装工程费用构成和计算

一、建筑安装工程费用的构成

建筑安装工程费用是指为完成工程项目建造、生产性设备及配套工程安装所需的费用。

1. 建筑工程费用内容

(1)各类房屋建筑工程和列入房屋建筑工程预算的供水、供暖、卫生、通风、煤气等设备费用及其装设、油饰工程的费用,列入建筑工程预算的各种管道、电力、电信和电缆导线敷设工程

的费用。

（2）设备基础、支柱、工作台、烟囱、水塔、水池、灰塔等建筑工程以及各种炉窑的砌筑工程和金属结构工程的费用。

（3）为施工而进行的场地平整，工程和水文地质勘察，原有建筑物和障碍物的拆除以及施工临时用水、电、气、路和完工后的场地清理，环境绿化、美化等工作的费用。

（4）矿井开凿、井巷延伸、露天矿剥离，石油、天然气钻井，修建铁路、公路、桥梁、水库、堤坝、灌渠及防洪等工程的费用。

2.安装工程费用内容

（1）生产、动力、起重、运输、传动和医疗、实验等各种需要安装的机械设备的装配费用，与设备相连的工作台、梯子、栏杆等设施的工程费用，附属于被安装设备的管线敷设工程费用，以及被安装设备的绝缘、防腐、保温、油漆等工作的材料费和安装费。

（2）为测定安装工程质量，对单台设备进行单机试运转、对系统设备进行系统联动无负荷试运转工作的调试费。

二、我国现行建筑安装工程费用项目组成及计算

我国现行建筑安装工程费用项目主要由四部分组成：直接费、间接费、利润和税金。其具体构成如图 2-1-1 所示。

图 2-1-1　定额计价模式下建筑安装工程费用的组成

根据《建设工程工程量清单计价规范》（GB 50500—2013）的规定，建设工程发承包及其实施阶段的工程造价（其中主要内容是建筑安装工程费）由分部分项工程费、措施项目费、其他项目费、规费和税金组成。

（一）直接费

1.直接工程费

直接工程费是指施工过程中耗费的直接构成工程实体的各项费用，包括人工费、材料费、施工机械使用费。

（1）人工费。建筑安装工程费中的人工费，是指支付给直接从事建筑安装工程施工作业的生产工人的各项费用。构成人工费的基本要素有两个，即人工工日消耗量和人工日工资单价。

人工费的基本计算公式为：

$$人工费 = \sum(工日消耗量 \times 日工资单价) \tag{2-1-16}$$

1）人工工日消耗量是指在正常施工生产条件下，建筑安装产品（分部分项工程或结构构件）必须消耗的某种技术等级的人工工日数量。它由分项工程所综合的各个工序施工劳动定额包括的基本用工、其他用工两部分组成。

2）相应等级的日工资单价包括生产工人基本工资、工资性补贴、生产工人辅助工资、职工福利费及生产工人劳动保护费。

(2)材料费。建筑安装工程费中的材料费,是指工程施工过程中耗费的各种原材料、半成品、构配件、工程设备等的费用以及周转材料等的摊销、租赁费用。构成材料费的基本要素是材料消耗量、材料单价和检验试验费。

材料费的基本计算公式为:

$$材料费=\Sigma(材料消耗量×材料单价)+检验试验费 \qquad (2\text{-}1\text{-}17)$$

1)材料消耗量。材料消耗量是指在合理使用材料的条件下,建筑安装产品(分部分项工程或结构构件)必须消耗的一定品种规格的原材料、辅助材料、构配件、零件、半成品等的数量标准。它包括材料净用量和材料不可避免的损耗量。

2)材料单价。材料单价是指建筑材料从其来源地运到施工工地仓库直至出库形成的综合平均单价,其内容包括材料原价(或供应价格)、材料运杂费、运输损耗费、采购及保管费等。

3)检验试验费。检验试验费是指对建筑材料、构件和建筑安装物进行一般鉴定、检查所发生的费用,包括自设试验室进行试验所耗用的材料和化学药品等费用。不包括新结构、新材料的试验费和建设单位对具有出厂合格证明的材料进行检验,对构件做破坏性试验及其他特殊要求检验试验的费用。

(3)施工机械使用费。建筑安装工程费中的施工机械使用费,是指施工机械作业发生的使用费或租赁费。构成施工机械使用费的基本要素是施工机械台班消耗量和机械台班单价。

施工机械使用费的基本计算公式为:

$$施工机械使用费=\Sigma(施工机械台班消耗量×机械台班单价) \qquad (2\text{-}1\text{-}18)$$

1)施工机械台班消耗量,是指在正常施工条件下,建筑安装产品(分部分项工程或结构构件)必须消耗的某类某种型号施工机械的台班数量。

2)机械台班单价。其内容包括台班折旧费、台班大修理费、台班经常修理费、台班安拆费及场外运输费、台班人工费、台班燃料动力费、台班养路费及车船使用税。

2.措施费

措施费是指实际施工中必须发生的施工准备和施工过程中技术、生活、安全、环境保护等方面的非工程实体项目(所谓非实体性项目,是指其费用的发生和金额的大小与使用时间、施工方法或者两个以上工序相关,并且不形成最终的实体工程,如大型机械设备进出场及安拆、文明施工和安全防护、临时设施等)的费用。措施费项目的构成需考虑多种因素,除工程本身的因素外,还涉及水文、气象、环境、安全等因素。在《园林绿化工程工程量计算规范》(GB 50858—2013)中,措施项目费可以归纳为以下几项:

(1)安全文明施工费。安全文明施工措施费用,是指工程施工期间按照国家现行的环境保护、建筑施工安全、施工现场环境与卫生标准和有关规定,购置和更新施工安全防护用具及设施、改善安全生产条件和作业环境所需要的费用。

1)环境保护费。其内容包括:现场施工机械设备降低噪声、防扰民措施费用;水泥和其他易飞扬细颗粒建筑材料密闭存放或采取覆盖措施等费用;工程防扬尘洒水费用;土石方、建渣外运车辆冲洗、防洒漏等费用;现场污染源的控制、生活垃圾清理外运、场地排水排污措施的费用;其他环境保护措施费用。

环境保护费的计算方法:

$$环境保护费=直接工程费×环境保护费费率(\%) \qquad (2\text{-}1\text{-}19)$$

$$环境保护费费率(\%)=\frac{本项费有年度平均支出}{全年建安产值\times直接工程费占总造价比例(\%)} \qquad (2-1-20)$$

2)文明施工费。其内容包括："五牌一图"的费用;现场围挡的墙面美化(包括内外粉刷、刷白、标语等)、压顶装饰费用;现场厕所便槽刷白、贴面砖,水泥砂浆地面或地砖费用,建筑物内临时便溺设施费用;其他施工现场临时设施的装饰装修、美化措施费用;现场生活卫生设施费用;符合卫生要求的饮水设备、淋浴、消毒等设施费用;生活用洁净燃料费用;防煤气中毒、防蚊虫叮咬等措施费用;施工现场操作场地的硬化费用;现场绿化费用、治安综合治理费用;现场配备医药保健器材、物品费用和急救人员培训费用;用于现场工人的防暑降温费,电风扇、空调等设备及用电费用;其他文明施工措施费用。

文明施工费的计算方法:

$$文明施工费=直接工程费\times文明施工费费率(\%) \qquad (2-1-21)$$

$$文明施工费费率(\%)=\frac{本项费用年度平均支出}{全年建安产值\times直接工程费占总造价比例(\%)} \qquad (2-1-22)$$

3)安全施工费。其内容包括:安全资料、特殊作业专项方案的编制,安全施工标志的购置及安全宣传的费用;安全防护工具(安全帽、安全带、安全网)、"四口"(楼梯口、电梯井口、通道口、预留洞口)、"五临边"(阳台围边、楼板围边、屋面围边、槽坑围边、卸料平台两侧)、水平防护架、垂直防护架、外架封闭等防护的费用;施工安全用电的费用,包括配电箱三级配电、两级保护装置要求、外电保护措施的费用;起重机等起重设备(含井架、门架)及外用电梯的安全防护措施(含警示标志)费用及卸料平台的临边防护、层间安全门、防护棚等设施费用;建筑工地中机械的检验检测费用;施工机具防护棚及其围栏的安全保护设施费用;施工安全防护通道的费用;工人的安全防护用品、用具购置费用;消防设施与消防器材的配置费用;电气保护、安全照明设施费;其他安全防护措施费用。

安全施工费的计算方法:

$$安全施工费=直接工程费\times安全施工费费率(\%) \qquad (2-1-23)$$

$$安全施工费费率(\%)=\frac{本项费用年度平均支出}{全年建安产值\times直接工程费占总造价比例(\%)} \qquad (2-1-24)$$

4)临时设施费。其内容包括:施工现场采用彩色、定型钢板,砖、混凝土砌块等围挡的安砌、维修、拆除费或摊销费;施工现场临时建筑物、构筑物的搭设、维修、拆除或摊销的费用,如临时宿舍、办公室、食堂、厨房、厕所、诊疗所、临时文化福利用房、临时仓库、加工场、搅拌台、临时简易水塔、水池等;施工现场临时设施的搭设、维修、拆除或摊销的费用,如临时供水管道、临时供电管线、小型临时设施等;施工现场规定范围内临时简易道路铺设,临时排水沟、排水设施安砌、维修、拆除;其他临时设施搭设、维修、拆除或摊销的费用。

临时设施费的构成包括周转使用临建费、一次性使用临建费和其他临时设施费。其计算公式为:

$$临时设施费=(周转使用临建费+一次性使用临建费)\times[1+其他临时设施所占比例(\%)] \qquad (2-1-25)$$

①周转使用临建费的计算:

$$周转使用临建费=\sum\left[\frac{临建面积\times每平米造价}{使用年限\times365\times利润率(\%)}\times工期(天)\right]+一次性拆除费 \qquad (2-1-26)$$

②一次性使用临建费的计算:

一次性使用临建费＝∑{临建面积×每平方米造价×[1－残值率（％）]}＋一次性拆除费

$$(2-1-27)$$

③他临时设施在临时设施费中所占比例，可由各地区造价管理部门依据典型施工企业的成本资料经分析后综合测定。

建筑工程安全防护、文明施工措施费用是由《建筑安装工程费用项目组成》中措施费所含的环境保护费、文明施工费、安全施工费、临时设施费组成，必须按国家或省级、行业建设主管部门的规定计算，不得作为竞争性费用。

（2）夜间施工增加费。

1）夜间施工增加费的内容。夜间施工增加费的内容由以下各项组成：

①夜间固定照明灯具和临时可移动照明灯具的设置、拆除的费用。

②夜间施工时施工现场交通标志、安全标牌、警示灯的设置、移动、拆除的费用。

③夜间照明设备摊销及照明用电、施工人员夜班补助、夜间施工劳动效率降低等费用。

2）夜间施工增加费的计算方法：

$$夜间施工增加费＝\left(1-\frac{合同工期}{定额工期}\right)×\frac{直接工程费中的人工费合计}{平均日工资单价}×每日夜间施工费开支$$

$$(2-1-28)$$

（3）非夜间施工照明费。非夜间施工照明费是指为保证工程施工正常进行，在如地下室等特殊施工部位施工时所采用的照明设备的安拆、维护、摊销及照明用电等费用。

（4）二次搬运费。

1）二次搬运费的内容。二次搬运费是指由于施工场地条件限制而发生的材料、成品、半成品等一次运输不能达到堆放地点，必须进行二次或多次搬运的费用。

2）二次搬运费的计算方法：

$$二次搬运费＝直接工程费×二次搬运费费率（％）\qquad(2-1-29)$$

$$二次搬运费费率（％）＝\frac{年平均二次搬运费开支额}{全年建安产值×直接工程费占总造价的比例（％）}\quad(2-1-30)$$

（5）冬雨季施工增加费。

1）冬雨季施工增加费的内容。

①冬雨季施工时增加的临时设施（防寒保温、防雨、防风设施）的搭设、拆除的费用。

②冬雨季施工时，对砌体、混凝土等采用的特殊加温、保温和养护措施的费用。

③冬雨季施工时，施工现场的防滑处理、对影响施工的雨雪的清除费用。

④冬雨季施工时增加的临时设施的摊销、施工人员的劳动保护用品、冬雨（风）季施工劳动效率降低等费用。

2）冬雨季施工增加费的计算方法：

$$冬雨季施工增加费＝直接工程费×冬雨季施工增加费费率（％）\qquad(2-1-31)$$

$$冬雨季施工增加费费率（％）＝\frac{年平均冬雨季施工增加费开支额}{全年建安产值×直接工程费占总造价的比例（％）}$$

$$(2-1-32)$$

（6）大型机械设备进出场及安拆费。

1）大型机械设备进出场及安拆费的内容。

①进出场费包括施工机械、设备整体或分体自停放地点运至施工现场或由一施工地点运至另一施工地点所发生的运输、装卸、辅助材料等费用。

②安拆费包括施工机械、设备在现场进行安装拆卸所需人工、材料、机械和试运转费用以及机械辅助设施的折旧、搭设、拆除等费用。

2)大型机械设备进出场及安拆费的计算方法。大型机械设备进出场及安拆费通常按照机械设备的使用数量以台次为单位计算。

(7)施工排水、降水费。

1)施工排水、降水费的内容。该项费用由成井和排水、降水两个独立的费用项目组成。

①成井。成井的费用主要包括：准备钻孔机械、埋设互通、钻机就位，泥浆制作、固壁，成孔、出渣、清孔等费用；对接上、下井管(滤管)，焊接，安防，下滤料，洗井，连接试抽等费用。

②排水、降水。排水、降水的费用主要包括：管道安装、拆除，场内搬运等费用；抽水、值班、降水设备维修费用等。

2)施工排水、降水费的计算方法。

①成井费用通常按照设计图示尺寸以钻孔深度计算。

②排水、降水费用通常按照排、降水日历天数计算。

(8)地上、地下设施、建筑物的临时保护设施费。地上、地下设施、建筑物的临时保护设施费是指在工程施工过程中，对已建成的地上、地下设施和建筑物进行的遮盖、封闭、隔离等必要保护措施所发生的费用。

该项费用一般都以直接工程费为取费依据，根据工程所在地工程造价管理机构测定的相应费率计算支出。

(9)已完工程及设备保护费。已完工程及设备保护费是指竣工验收前对已完工程及设备采取的覆盖、包裹、封闭、隔离等必要保护措施所发生的费用。已完工程及设备保护费可按下式计算：

$$已完工程及设备保护费=成品保护所需机械费+材料费+人工费 \quad (2-1-33)$$

(10)混凝土、钢筋混凝土模板及支架费。混凝土、钢筋混凝土模板及支架费是指混凝土施工过程中需要的各种模板制作、模板安装、拆除、整理堆放及场内外运输、清理模板粘结物及模内杂物、刷隔离剂等费用。

混凝土、钢筋混凝土模板及支架费的计算方法如下，模板及支架分自有和租赁两种。

1)自有模板及支架费的计算。

$$模板及支架费=模板摊销量×模板价格+支、拆、运输费 \quad (2-1-34)$$

$$摊销量=一次使用量×(1+施工损耗)×\left[\frac{1+(周转次数-1)×补损率}{周转次数}-\frac{(1-补损率)×50\%}{周转次数}\right]$$

$$(2-1-35)$$

2)租赁模板及支架费的计算。

$$租赁费=模板使用量×使用日期×租赁价格+支、拆、运输费 \quad (2-1-36)$$

(11)脚手架费。脚手架费是指施工需要的各种脚手架施工时可能发生的场内、场外材料搬运，搭、拆脚手架、斜道、上料平台，安全网的铺设，拆除脚手架后材料的堆放等费用。脚手架同样分自有和租赁两种。

1)自有脚手架费的计算：

$$脚手架搭拆费=脚手架摊销量×脚手架价格+搭、拆、运输费 \quad (2-1-37)$$

$$脚手架摊销量=\frac{单位一次使用量×(1-残值率)}{耐用期÷一次使用期} \quad (2-1-38)$$

2)租赁脚手架费的计算：

$$租赁费＝脚手架每日租金×搭设周期＋搭、拆、运输费 \qquad (2-1-39)$$

(12)垂直运输费。

1)垂直运输费的内容。

①垂直运输机械的固定装置、基础制作、安装费。

②行走式垂直运输机械轨道的铺设、拆除、摊销费。

2)垂直运输费的计算。

①垂直运输费可按照建筑面积以"m²"为单位计算。

②垂直运输费可按照施工工期日历天数以"天"为单位计算。

(13)超高施工增加费。

1)超高施工增加费的内容。当单层建筑物檐口高度超过 20 m，多层建筑物超过 6 层时，可计算超高施工增加费，超高施工增加费的内容由以下各项组成：

①建筑物超高引起的人工工效降低以及由于人工工效降低引起的机械降效费。

②高层施工用水加压水泵的安装、拆除及工作台班费。

③通信联络设备的使用及摊销费。

2)超高施工增加费的计算。超高施工增加费通常按照建筑物超高部分的建筑面积以"m²"为单位计算。

(二)间接费

建筑安装工程间接费是指虽不直接由施工的工艺过程所引起，但却与工程的总体条件有关的建筑安装企业为组织施工和进行经营管理，以及间接为建筑安装生产服务的各项费用。

1.间接费的组成

按现行规定，建筑安装工程间接费由规费和企业管理费组成。

(1)规费。规费是指政府和有关权力部门规定必须缴纳的费用(简称规费)。包括：

1)工程排污费。指施工现场按规定缴纳的工程排污费。

2)社会保障费。包括：养老保险费；失业保险费；医疗保险费；工伤保险费；生育保险费。企业应按照国家规定的各项标准为职工缴纳社会保障费。

3)住房公积金。企业按规定标准为职工缴纳住房公积金。

(2)企业管理费。企业管理费是指施工单位为组织施工生产和经营管理所发生的费用，具体内容见表 2-1-3。

表 2-1-3 企业管理费

项 目	内 容
管理人员工资	管理人员的基本工资、工资性补贴、职工福利费、劳动保护费等
办公费	企业管理办公用的文具、纸张、账表、印刷、邮电、书报、会议、水电、烧水和集体取暖(包括现场临时宿舍取暖)用燃料等费用
差旅交通费	职工因公出差、调动工作的差旅费、住勤补助费、市内交通费和误餐补助费，职工探亲路费，劳动力招募费，职工离退休、退职一次性路费，工伤人员就医路费，工地转移费以及管理部门使用的交通工具的油料、燃料、养路费及牌照费
固定资产使用费	管理和试验部门及附属生产单位使用的属于固定资产的房屋、设备仪器等的折旧、大修、维修或租赁费

续上表

项　目	内　容
工具用具使用费	管理使用的不属于固定资产的生产工具、器具、家具、交通工具和检验、试验、测绘、消防用具等的购置、维修和摊销费
劳动保险费	由企业支付离退休职工的易地安家补助费、职工退职金、6个月以上的病假人员工资、职工死亡丧葬补助费、抚恤费、按规定支付给离休干部的各项经费
工会经费	企业按职工工资总额计提的工会经费
职工教育经费	企业为职工学习先进技术和提高文化水平，按职工工资总额计提的费用
财产保险费	施工管理用财产、车辆保险费用
财务费	企业为筹集资金而发生的各种费用
税金	企业按规定缴纳的房产税、车船使用税、土地使用税、印花税等
其他	包括技术转让费、技术开发费、业务招待费、绿化费、广告费、公证费、法律顾问费、审计费、咨询费等

2.间接费的计算方法

间接费按下式计算：

$$间接费 = 取费基数 \times 间接费费率 \tag{2-1-40}$$

$$间接费费率(\%) = 规费费率(\%) + 企业管理费费率(\%) \tag{2-1-41}$$

间接费的取费基数有三种，分别是以直接费为计算基础、以人工费和机械费合计为计算基础及以人工费为计算基础。

在不同的取费基数下，规费费率和企业管理费率计算方法均不相同，见表2-1-4。

表 2-1-4　不同取费基数下的规费费率和企业管理费费率的计算

取费基数	计算方法
以直接费为计算基础	规费费率： $$规费费率(\%) = \frac{\sum 规费缴纳标准 \times 每万元发承包价计算基数}{每万元发承包价中的人工费含量} \times 人工费占直接费的比例(\%)$$ 企业管理费费率： $$企业管理费费率(\%) = \frac{生产工人年平均管理费}{年有效施工天数 \times 人工单价} \times 人工费占直接费比例(\%)$$
以人工费和机械费合计为计算基础	规费费率： $$规费费率(\%) = \frac{\sum 规费缴纳标准 \times 每万元发承包价计算基数}{每万元发承包价中的人工费含量和机械含量} \times 100\%$$ 企业管理费费率： $$企业管理费费率(\%) = \frac{生产工人年平均管理费}{年有效施工天数 \times (人工单价 + 每一工日机械使用费)} \times 100\%$$

续上表

取费基数	计算方法
以人工费为计算基础	规费费率： $$规费费率(\%)=\frac{\sum 规费缴纳标准 \times 每万元发承包价计算基数}{每万元发承包价中的人工费含量} \times 100\%$$ 企业管理费费率： $$企业管理费费率(\%)=\frac{生产工人年平均管理费}{年有效施工天数 \times 人工单价} \times 100\%$$

（三）利润及税金

建筑安装工程费用中的利润及税金是建筑安装企业职工为社会劳动所创造的那部分价值在建筑安装工程造价中的体现。

1. 利润

利润是指施工企业完成所承包工程获得的盈利。

1）以直接费为计算基础时利润的计算方法：

$$利润=（直接费+间接费）\times 相应利润率(\%) \qquad (2\text{-}1\text{-}42)$$

2）以人工费和机械费为计算基础时利润的计算方法：

$$利润=直接费中的人工费和机械费合计 \times 相应利润率(\%) \qquad (2\text{-}1\text{-}43)$$

3）以人工费为计算基础时利润的计算方法：

$$利润=直接费中的人工费合计 \times 相应利润率(\%) \qquad (2\text{-}1\text{-}44)$$

2. 税金

建筑安装工程税金是指国家税法规定的应计入建筑安装工程费用的营业税、城市维护建设税及教育费附加。

（1）营业税。营业税计算公式为：

$$应纳营业税=计税营业额 \times 3\% \qquad (2\text{-}1\text{-}45)$$

计税营业额即含税营业额，指从事建筑、安装、修缮、装饰及其他工程作业收取的全部收入（包括建筑、修缮、装饰工程所用原材料及其他物资和动力的价款）。当安装设备的价值作为安装工程产值时，亦包括所安装设备的价款。但建筑安装工程总承包方将工程分包或转包给他人的，其营业额中不包括付给分包或转包方的价款。营业税的纳税地点为应税劳务的发生地。

（2）城市维护建设税。城市维护建设税是为筹集城市维护和建设资金，稳定和扩大城市、乡镇维护建设的资金来源，而对有经营收入的单位和个人征收的一种税。

城市维护建设税计算公式为：

$$应纳税额=应纳营业税额 \times 适用税率 \qquad (2\text{-}1\text{-}46)$$

城市维护建设税的纳税地点在市区的，其适用税率为7%；所在地为县镇的，其适用税率为5%，所在地为农村的，其适用税率为1%。城建税的纳税地点与营业税纳税地点相同。

（3）教育费附加。教育费附加计算公式为：

$$应纳税额=应纳营业税额 \times 3\% \qquad (2\text{-}1\text{-}47)$$

建筑安装企业的教育费附加要与其营业税同时缴纳。即使办有职工子弟学校的建筑安装企业，也应当先缴纳教育费附加，教育部门可根据企业的办学情况，酌情返还给办学单位，作为对办学经费的补助。

（4）地方教育附加。大部分地区地方教育附加计算公式为：

$$应纳税额＝应纳营业税额×2\% \tag{2-1-48}$$

地方教育附加应专项用于发展教育事业，不得从地方教育附加中提取或列支征收或代征手续费。

（5）税金的综合计算。在工程造价的计算过程中，上述税金通常一并计算。由于营业税的计税依据是含税营业额，城市维护建设税和教育费附加的计税依据是应纳营业税额，而在计算税金时，往往已知条件是税前造价，即直接费、间接费、利润之和。因此税金的计算往往需要将税前造价先转化为含税营业额，再按相应的公式计算缴纳税金。营业额的计算公式为：

$$营业额＝\frac{直接费＋间接费＋利润}{1-营业税率-营业税率×城市维护建设税率-营业税率×教育费附加率-营业税率×地方教育附加率} \tag{2-1-49}$$

为了简化计算，可以直接将上述税种合并为一个综合税率，按下式计算应纳税额：

$$应纳税额＝（直接费＋间接费＋利润）×综合税率（\%） \tag{2-1-50}$$

综合税率的计算因纳税所在地的不同而不同。

1）纳税地点在市区的企业，城市维护建设税率为7%，根据公式（2-1-49）可知：税率（%）＝3.48%。

2）纳税地点在县城、镇的企业，城市维护建设税率为5%，根据公式（2-1-49）可知：税率（%）＝3.41%。

3）纳税地点不在市区、县城、镇的企业，城市维护建设税率为1%，根据公式（2-1-49）可知：税率（%）＝3.28%。

第三节 工程建设其他费用的构成和计算

一、建设用地费

建设用地费是指为获得工程项目建设土地的使用权而在建设期内发生的各项费用，包括通过划拨方式取得土地使用权而支付的土地征用及迁移补偿费，或者通过土地使用权出让方式取得土地使用权而支付的土地使用权出让金。

（一）建设用地取得的基本方式

建设用地的取得，实质上是依法获取国有土地的使用权。根据我国《房地产管理法》规定，获取国有土地使用权的基本方式有两种：一是出让方式，二是划拨方式。建设土地取得的其他方式还包括租赁和转让方式。

1.通过出让方式获取国有土地使用权

国有土地使用权出让，是指国家将国有土地使用权在一定年限内出让给土地使用者，由土地使用者向国家支付土地使用权出让金的行为。土地使用权出让最高年限按用途确定：居住用地70年；工业用地50年；教育、科技、文化、卫生、体育用地50年；商业、旅游、娱乐用地40年；综合或者其他用地50年。

通过出让方式获取国有土地使用权又可以分成以下两种具体方式：

（1）通过招标、拍卖、挂牌等竞争出让方式获取国有土地使用权。具体的竞争方式又包括三种：投标、竞拍和挂牌。按照国家相关规定，工业（包括仓储用地，但不包括采矿用地）、商业、旅游、娱乐和商品住宅等各类经营性用地，必须以招标、拍卖或者挂牌方式出让；上述规定以外用途的土地的供地计划公布后,同一宗地有两个以上意向用地者的,也应当采用招标、拍卖或者挂牌方式出让。

(2)通过协议出让方式获取国有土地使用权。按照国家相关规定,出让国有土地使用权,除依照法律、法规和规章的规定应当采用招标、拍卖或者挂牌方式外,方可采取协议方式。以协议方式出让国有土地使用权的出让金不得低于按国家规定所确定的最低价。协议出让底价不得低于拟出让地块所在区域的协议出让最低价。

2.通过划拨方式获取国有土地使用权

国有土地使用权划拨,是指县级以上人民政府依法批准,在土地使用者缴纳补偿、安置等费用后将该幅土地交付其使用,或者将土地使用权无偿交付给土地使用者使用的行为。

国家对划拨用地有着严格的规定,下列建设用地,经县级以上人民政府依法批准,可以以划拨方式取得:国家机关用地和军事用地;城市基础设施用地和公益事业用地;国家重点扶持的能源、交通、水利等基础设施用地;法律、行政法规规定的其他用地。

依法以划拨方式取得土地使用权的,除法律、行政法规另有规定外,没有使用期限的限制。因企业改制、土地使用权转让或者改变土地用途等不再符合本规定的,应当实行有偿使用。

(二)建设用地取得的费用

建设用地如通过行政划拨方式取得,则须承担征地补偿费用或对原用地单位或个人的拆迁补偿费用;若通过市场机制取得,则不但承担以上费用,还须向土地所有者支付有偿使用费,即土地出让金。

1.征地补偿费用

建设征用土地费用的构成见表 2-1-5。

表 2-1-5　建设征用土地费用的构成

项　　目	内　　容
土地补偿费	土地补偿费是对农村集体经济组织因土地被征用而造成的经济损失的一种补偿。 征用耕地的补偿费,为该耕地被征前三年平均年产值的6~10倍。 征用其他土地的补偿费标准,由省、自治区、直辖市参照征用耕地的补偿费标准规定。土地补偿费归农村集体经济组织所有
青苗补偿费和地上附着物补偿费	(1)青苗补偿费。 青苗补偿费是因征地时对其正在生长的农作物受到损害而作出的一种赔偿。在农村实行承包责任制后,农民自行承包土地的青苗补偿费应付给本人,属于集体种植的青苗补偿费可纳入当年集体收益。凡在协商征地方案后抢种的农作物、树木等,一律不予补偿。 (2)地上附着物补偿费。 地上附着物是指房屋、水井、树木、涵洞、桥梁、公路、水利设施、林木等地面建筑物、构筑物、附着物等。视协商征地方案前地上附着物价值与折旧情况确定,应根据"拆什么,补什么;拆多少,补多少,不低于原来水平"的原则确定。如附着物产权属个人,则该项补助费付给个人。地上附着物的补偿标准,由省、自治区、直辖市规定

续上表

项 目	内 容
安置补助费	安置补助费应支付给被征地单位和安置劳动力的单位,作为劳动力安置与培训的支出以及作为不能就业人员的生活补助。征收耕地的安置补助费,按照需要安置的农业人口数计算
新菜地开发建设基金	新菜地开发建设基金指征用城市郊区商品菜地时支付的费用。这项费用交给地方财政,作为开发建设新菜地的投资
耕地占用税	耕地占用税是对占用耕地建房或者从事其他非农业建设的单位和个人征收的一种税收,目的是合理利用土地资源、节约用地,保护农用耕地。耕地占用税征收范围,不仅包括占用耕地(用于种植农作物的土地和占用前三年曾用于种植农作物的土地),还包括占用鱼塘、园地、菜地及其农业用地建房或者从事其他非农业建设,均按实际占用的面积和规定的税额一次性征收
土地管理费	土地管理费主要作为征地工作中所发生的办公、会议、培训、宣传、差旅、借用人员工资等必要的费用。土地管理费的收取标准,一般是在土地补偿费、青苗费、地面附着物补偿费、安置补助费四项费用之和的基础上提取 2%～4%。如果是征地包干,还应在四项费用之和后再加上粮食价差、副食补贴、不可预见费等费用,在此基础上提取 2%～4% 作为土地管理费

2.拆迁补偿费用

(1)拆迁补偿。拆迁补偿的方式可以实行货币补偿,也可以实行房屋产权调换。

货币补偿的金额,根据被拆迁房屋的区位、用途、建筑面积等因素,以房地产市场评估价格确定。

实行房屋产权调换的,拆迁人与被拆迁人按照计算得到的被拆迁房屋的补偿金额和所调换房屋的价格,结清产权调换的差价。

(2)搬迁、安置补助费。拆迁人应当对被拆迁人或者房屋承租人支付搬迁补助费,对于在规定的搬迁期限届满前搬迁的,拆迁人可以付给提前搬家奖励费;在过渡期限内,被拆迁人或者房屋承租人自行安排住处的,拆迁人应当支付临时安置补助费;被拆迁人或者房屋承租人使用拆迁人提供的周转房的,拆迁人不支付临时安置补助费。

3.出让金、土地转让金

土地使用权出让金为用地单位向国家支付的土地所有权收益,出让金标准一般参考城市基准地价并结合其他因素制定。基准地价由市级相关部门综合平衡后报市级人民政府审定通过。

在有偿出让和转让土地时,政府对地价不作统一规定,但坚持以下原则:即地价对目前的投资环境不产生大的影响;地价与当地的社会经济承受能力相适应;地价要考虑已投入的土地开发费用、土地市场供求关系、土地用途、所在区类、容积率和使用年限等。有偿出让和转让使用权,要向土地受让者征收契税;转让土地如有增值,要向转让者征收土地增值税;土地使用者每年应按规定的标准缴纳土地使用费。

二、与项目建设有关的其他费用

(一)建设管理费

建设管理费是指建设单位为组织完成工程项目建设,在建设期内发生的各类管理性费用。

1. 建设管理费的内容

(1)建设单位管理费是指建设单位发生的管理性质的开支。包括:工作人员工资、工资性补贴、施工现场津贴、职工福利费、住房基金、基本养老保险费、基本医疗保险费、失业保险费、工伤保险费、办公费、差旅交通费、劳动保护费、工具用具使用费、固定资产使用费、必要的办公及生活用品购置费、必要的通信设备及交通工具购置费、零星固定资产购置费、招募生产工人费、技术图书资料费、业务招待费、设计审查费、工程招标费、合同契约公证费、法律顾问费、咨询费、完工清理费、竣工验收费、印花税和其他管理性质开支。

(2)工程监理费是指建设单位委托工程监理单位实施工程监理的费用。此项费用应按国家发展和改革委员会与建设部联合发布的《建设工程监理与相关服务收费管理规定》(发改价格〔2007〕670号)计算。依法必须实行监理的建设工程施工阶段的监理收费实行政府指导价;其他建设工程施工阶段的监理收费和其他阶段的监理与相关服务收费实行市场调节价。

2. 建设管理费的计算

建设单位管理费按照工程费用之和(包括设备工器具购置费和建筑安装工程费用)乘以建设单位管理费费率计算。

$$建设单位管理费=工程费用×建设单位管理费费率 \qquad (2\text{-}1\text{-}51)$$

建设单位管理费费率按照建设项目的不同性质、不同规模确定。有的建设项目按照建设工期和规定的金额计算建设单位管理费。

采用监理,建设单位部分管理工作量转移至监理单位。监理费应根据委托的监理工作范围和监理深度在监理合同中商定或按当地或所属行业部门有关规定计算。

建设单位采用工程总承包方式,其总包管理费由建设单位与总包单位根据总包工作范围在合同中商定,从建设管理费中支出。

(二)可行性研究费

可行性研究费是指在工程项目投资决策阶段,依据调研报告对有关建设方案、技术方案或生产经营方案进行的技术经济论证,以及编制、评审可行性研究报告所需的费用。此项费用应依据前期研究委托合同计列,或参照《国家计委关于印发〈建设项目前期工作咨询收费暂行规定〉的通知》(计投资〔1999〕1283号)规定计算。

(三)研究试验费

研究试验费是指为建设项目提供或验证设计数据、资料等进行必要的研究试验及按照相关规定在建设过程中必须进行试验、验证所需的费用。包括自行或委托其他部门研究试验所需人工费、材料费、试验设备及仪器使用费等。这项费用按照设计单位根据本工程项目的需要提出的研究试验内容和要求计算。在计算时要注意不应包括:应由科技三项费用(即新产品试制费、中间试验费和重要科学研究补助费)开支的项目;应在建筑安装费用中列支的施工企业对建筑材料、构件和建筑物进行一般鉴定、检查所发生的费用及技术革新的研究试验费;应由勘察设计费或工程费用中开支的项目。

(四)勘察设计费

勘察设计费是指对工程项目进行工程水文地质勘察、工程设计所发生的费用。包括:工程勘察费、初步设计费(基础设计费)、施工图设计费(详细设计费)、设计模型制作费。此项费用应按《关于发布〈工程勘察设计收费管理规定〉的通知》(计价格〔2002〕10号)的规定计算。

(五)环境影响评价费

环境影响评价费是指按照《中华人民共和国环境保护法》、《中华人民共和国环境影响评价法》等规定,在工程项目投资决策过程中,对其进行环境污染或影响评价所需的费用。包括编制环境影响报告书(含大纲)、环境影响报告表以及对环境影响报告书(含大纲)、环境影响报告表进行评估等所需的费用。此项费用可参照《关于规范环境影响咨询收费有关问题的通知》(计价格〔2002〕125号)规定计算。

(六)劳动安全卫生评价费

劳动安全卫生评价费是指按照劳动部《建设项目(工程)劳动安全卫生监察规定》和《建设项目(工程)劳动安全卫生预评价管理办法》的规定,在工程项目投资决策过程中,为编制劳动安全卫生评价报告所需的费用。包括编制建设项目劳动安全卫生预评价大纲和劳动安全卫生预评价报告书以及为编制上述文件所进行的工程分析和环境现状调查等所需费用。

必须进行劳动安全卫生预评价的项目包括:

(1)属于《关于基本建设项目和大中型划分标准的规定》中规定的大中型建设项目。

(2)属于《建筑设计防火规范》(GB 50016—2006)中规定的火灾危险性生产类别为甲类的建设项目。

(3)属于劳动部颁布的《爆炸危险场所安全规定》中规定的爆炸危险场所等级为特别危险场所和高度危险场所的建设项目。

(4)大量生产或使用《职业性接触毒物危害程度分级》(GBZ 230—2010)规定的Ⅰ级、Ⅱ级危害程度的职业性接触毒物的建设项目。

(5)大量生产或使用石棉粉料或含有10%以上的游离二氧化硅粉料的建设项目。

(6)其他由劳动行政部门确认的危险、危害因素大的建设项目。

(七)场地准备及临时设施费

1.场地准备及临时设施费的内容

(1)建设项目场地准备费是指为使工程项目的建设场地达到开工条件,由建设单位组织进行的场地平整等准备工作而发生的费用。

(2)建设单位临时设施费是指建设单位为满足工程项目建设、生活、办公的需要,用于临时设施建设、维修、租赁、使用所发生或摊销的费用。

2.场地准备及临时设施费的计算

(1)场地准备及临时设施应尽量与永久性工程统一考虑。建设场地的大型土石方工程应进入工程费用中的总图运输费用中。

(2)新建项目的场地准备和临时设施费应根据实际工程量估算,或按工程费用的比例计算。改扩建项目一般只计拆除清理费。

$$场地准备和临时设施费=工程费用×费率+拆除清理费 \quad (2\text{-}1\text{-}52)$$

(3)发生拆除清理费时可按新建同类工程造价或主材费、设备费的比例计算。凡可回收材料的拆除工程采用以料抵工方式冲抵拆除清理费。

(4)此项费用不包括已列入建筑安装工程费用中的施工单位临时设施费用。

(八)引进技术和引进设备其他费

引进技术和引进设备其他费是指引进技术和设备发生的但未计入设备购置费中的费用,

具体内容见表 2-1-6。

表 2-1-6　引进技术和引进设备其他费

项　目	内　容
引进项目图纸资料翻译复制费、备品备件测绘费	可根据引进项目的具体情况计列或按引进货价（FOB）的比例估列；引进项目发生备品备件测绘费时按具体情况估列
出国人员费用	包括买方人员出国设计联络、出国考察、联合设计、监造、培训等所发生的差旅费、生活费等。依据合同或协议规定的出国人次、期限以及相应的费用标准计算。生活费按照财政部、外交部规定的现行标准计算，差旅费按中国民航公布的票价计算
来华人员费用	包括卖方来华工程技术人员的现场办公费用、往返现场交通费用、接待费用等。依据引进合同或协议有关条款及来华技术人员派遣计划进行计算。来华人员接待费用可按每人次费用指标计算。引进合同价款中已包括的费用内容不得重复计算
银行担保及承诺费	指引进项目由国内外金融机构出面承担风险和责任担保所发生的费用以及支付贷款机构的承诺费用。应按担保或承诺协议计取，投资估算和概算编制时可以担保金额或承诺金额为基数乘以费率计算

（九）工程保险费

工程保险费是指为转移工程项目建设的意外风险，在建设期内对建筑工程、安装工程、机械设备和人身安全进行投保而发生的费用。包括建筑安装工程一切险、引进设备财产保险和人身意外伤害险等。

根据不同的工程类别，分别以其建筑、安装工程费乘以建筑、安装工程保险费率计算。民用建筑（住宅楼、综合性大楼、商场、旅馆、医院、学校）占建筑工程费的 2‰～4‰；其他建筑（工业厂房、仓库、道路、码头、水坝、隧道、桥梁、管道等）占建筑工程费的 3‰～6‰；安装工程（农业、工业、机械、电子、电气、纺织、矿山、石油、化学及钢铁工业、钢结构桥梁）占建筑工程费的 3‰～6‰。

（十）特殊设备安全监督检验费

特殊设备安全监督检验费是指安全监察部门对在施工现场组装的锅炉及压力容器、压力管道、消防设备、燃气设备、电梯等特殊设备和设施实施安全检验收取的费用。此项费用按照建设项目所在省（市、自治区）安全监察部门的规定标准计算。无具体规定的，在编制投资估算和概算时可按受检设备现场安装费的比例估算。

（十一）市政公用设施费

市政公用设施费是指使用市政公用设施的工程项目，按照项目所在地省级人民政府有关规定建设或缴纳的市政公用设施建设配套费用以及绿化工程补偿费用。此项费用按工程所在地人民政府规定标准计列。

三、与未来生产经营有关的其他费用

（一）联合试运转费

联合试运转费是指新建或新增加生产能力的工程项目，在交付生产前按照设计文件规定的工程质量标准和技术要求,对整个生产线或装置进行负荷联合试运转所发生的费用净支出(试运转支出大于收入的差额部分费用)。

(1)试运转支出包括试运转所需原材料、燃料及动力消耗、低值易耗品、其他物料消耗、工具用具使用费、机械使用费、保险金、施工单位参加试运转人员工资以及专家指导费等。

(2)试运转收入包括试运转期间的产品销售收入和其他收入。

(3)联合试运转费不包括应由设备安装工程费用开支的调试及试车费用,以及在试运转中暴露出来的因施工原因或设备缺陷等发生的处理费用。

(二)专利及专有技术使用费

1.专利及专有技术使用费的主要内容

专利及专有技术使用费的主要内容包括:国外设计及技术资料费、引进有效专利、专有技术使用费和技术保密费;国内有效专利、专有技术使用费;商标权、商誉和特许经营权费等。

2.专利及专有技术使用费的计算

(1)按专利使用许可协议和专有技术使用合同的规定计列。

(2)专有技术的界定应以省、部级鉴定批准为依据。

(3)项目投资中只计算需在建设期支付的专利及专有技术使用费。协议或合同规定在生产期支付的使用费应在生产成本中核算。

(4)一次性支付的商标权、商誉及特许经营权费按协议或合同规定计列。协议或合同规定在生产期支付的商标权或特许经营权费应在生产成本中核算。

(5)为项目配套的专用设施投资,包括专用铁路线、专用公路、专用通信设施、送变电站、地下管道、专用码头等,如由项目建设单位负责投资但产权不归属本单位的,应作无形资产处理。

(三)生产准备及开办费

1.生产准备及开办费的内容

在建设期内,建设单位为保证项目正常生产而发生的人员培训费、提前进厂费以及投产使用必备的办公、生活家具用具及工器具等的购置费用。其内容包括:人员培训费及提前进厂费(包括自行组织培训或委托其他单位培训的人员工资、工资性补贴、职工福利费、差旅交通费、劳动保护费、学习资料费等);为保证初期正常生产(或营业、使用)所必需的生产办公、生活家具用具购置费;为保证初期正常生产(或营业、使用)必需的第一套不够固定资产标准的生产工具、器具、用具购置费(不包括备品备件费)。

2.生产准备及开办费的计算

(1)新建项目按设计定员为基数计算,改扩建项目按新增设计定员为基数计算:

$$生产准备费=设计定员×生产准备费指标(元/人) \qquad (2-1-53)$$

(2)可采用综合的生产准备费指标进行计算,也可以按费用内容的分类指标计算。

第四节 预备费和建设期利息的计算

一、预备费

(一)基本预备费

1.基本预备费的构成

基本预备费是指针对项目实施过程中可能发生难以预料的支出而事先预留的费用,又称工程建设不可预见费,主要指设计变更及施工过程中可能增加工程量的费用。

基本预备费一般由以下四部分构成:

(1)在批准的初步设计范围内,技术设计、施工图设计及施工过程中所增加的工程费用;设计变更、工程变更、材料代用、局部地基处理等增加的费用。

(2)一般自然灾害造成的损失和预防自然灾害所采取的措施费用。实行工程保险的工程项目,该费用应适当降低。

(3)竣工验收时为鉴定工程质量对隐蔽工程进行必要的挖掘和修复费用。

(4)超规超限设备运输增加的费用。

2.基本预备费的计算

基本预备费是按工程费用和工程建设其他费用二者之和为计取基础,再乘以基本预备费费率进行计算。

基本预备费费率的取值应执行国家及部门的有关规定。

$$基本预备费＝(工程费用＋工程建设其他费用)×基本预备费费率 \tag{2-1-54}$$

(二)价差预备费

1.价差预备费的内容

价差预备费是指为在建设期内利率、汇率或价格等因素的变化而预留可能增加的费用,亦称为价格变动不可预见费。价差预备费的内容包括:人工、设备、材料、施工机械的价差费,建筑安装工程费及工程建设其他费用调整,利率、汇率调整等增加的费用。

2.价差预备费的测算方法

价差预备费一般根据国家规定的投资综合价格指数,按估算年份价格水平的投资额为基数,采用复利方法计算。计算公式为:

$$PF=\sum_{t=1}^{n}I_t\left[(1+f)^m(1+f)^{0.5}(1+f)^{t-1}-1\right] \tag{2-1-55}$$

式中　PF——价差预备费;

n——建设期年份数;

I_t——估算静态投资额中第 t 年投入的工程费用;

f——年涨价率,政府部门有规定的按规定执行,没有规定的由可行性研究人员预测;

m——建设前期年限(从编制估算到开工建设,单位:年)。

二、建设期利息

建设期利息主要是指在建设期内发生的为工程项目筹措资金的融资费用及债务资金利息。

当总贷款是分年均衡发放时,建设期利息的计算可按当年借款在年中支用考虑,即当年贷款按半年计息,上年贷款按全年计息。计算公式为:

$$q_j=\left(P_{j-1}+\frac{1}{2}A_j\right)\cdot i \tag{2-1-56}$$

式中　q_j——建设期第 j 年应计利息;

P_{j-1}——建设期第$(j-1)$年末累计贷款本金与利息之和;

A_j——建设期第 j 年贷款金额;

i——年利率。

第二章 建设工程计价方法及计价依据

第一节 工程计价方法

一、工程计价基本原理

工程计价的基本原理可以用公式的形式表达如下：

分部分项工程费＝∑[基本构造单元工程量(定额项目或清单项目)×相应单价]

$$(2-2-1)$$

工程造价的计价可分为工程计量和工程计价两个环节。

1.工程计量

工程计量工作包括工程项目的划分和工程量的计算。

(1)单位工程基本构造单元的确定,即划分工程项目。编制工程概算预算时,主要是按工程定额进行项目的划分;编制工程量清单时主要是按照工程量清单计量规范规定的清单项目进行划分。

(2)工程量的计算就是按照工程项目的划分和工程量计算规则,就施工图设计文件和施工组织设计对分项工程实物量进行计算。工程实物量是计价的基础,不同的计价依据有不同的计算规则规定。目前,工程量计算规则包括两大类:各类工程定额规定的计算规则;各专业工程计量规范附录中规定的计算规则。

2.工程计价

工程计价包括工程单价的确定和总价的计算。

(1)工程单价是指完成单位工程基本构造单元的工程量所需要的基本费用。工程单价包括工料单价和综合单价。

1)工料单价也称直接工程费单价,包括人工、材料、机械台班费用,是各种人工消耗量、各种材料消耗量、各类机械台班消耗量与其相应单价的乘积。计算公式为:

工料单价＝∑(人材机消耗量×人材机单价) $\qquad$ (2-2-2)

2)综合单价包括人工费、材料费、机械台班费,还包括企业管理费、利润和风险因素。综合单价根据国家、地区、行业定额或企业定额消耗量和相应生产要素的市场价格来确定。

(2)工程总价是指经过规定的程序或办法逐级汇总形成的相应工程造价。

1)采用工料单价时,在工料单价确定后,乘以相应定额项目工程量并汇总,得出相应工程的直接工程费,再按照相应的取费程序计算其他各项费用,汇总后形成相应工程造价。

2)采用综合单价时,在综合单价确定后,乘以相应项目工程量,经汇总即可得出分部分项工程费,再按相应的办法计取措施项目、其他项目、规费项目、税金项目费,各项目费汇总后得出相应工程造价。

二、工程计价标准和依据

工程计价标准和依据主要包括计价活动的相关规章规程、工程量清单计价和计量规范、工程定额和相关造价信息。

1. 计价活动的相关规章规程

现行计价活动相关的规章规程主要包括《建筑工程发包与承包计价管理办法》、《建设项目投资估算编审规程》、《建设项目设计概算编审规程》、《建设项目施工图预算编审规程》、《建设工程招标控制价编审规程》、《建设项目工程结算编审规程》、《建设项目全过程造价咨询规程》、《建设工程造价咨询成果文件质量标准》、《建设工程造价鉴定规程》等。

2. 工程量清单计价和计量规范

工程量清单计价和计量规范由《建设工程工程量清单计价规范》(GB 50500—2013)、《房屋建筑与装饰工程工程量计算规范》(GB 50854—2013)、《仿古建筑工程工程量计算规范》(GB 50855—2013)、《通用安装工程工程量计算规范》(GB 50856—2013)、《市政工程工程量计算规范》(GB 50857—2013)、《园林绿化工程工程量计算规范》(GB 50858—2013)、《矿山工程工程量计算规范》(GB 50859—2013)、《构筑物工程工程量计算规范》(GB 50860—2013)、《城市轨道交通工程工程量计算规范》(GB 50861—2013)、《爆破工程工程量计算规范》(GB 50862—2013)等组成。

3. 工程定额

工程定额主要指国家、省、有关专业部门制定的各种定额,包括工程消耗量定额和工程计价定额等。

4. 工程造价信息

工程造价信息主要包括价格信息、工程造价指数和已完工程信息等。

三、工程计价基本程序

(一)工程概预算编制的基本程序

工程概预算的编制是国家通过颁布统一的计价定额或指标,对建筑产品价格进行计价的活动。国家以假定的建筑安装产品为对象,制定统一的预算和概算定额。然后按概预算定额规定的分部分项子目,逐项计算工程量,套用概预算定额单价(或单位估价表)确定直接工程费,然后按规定的取费标准确定措施费、间接费、利润和税金,经汇总后即为工程概预算价值。工程概预算编制的基本程序如图 2-2-1 所示。

工程概预算单位价格的形成过程,就是依据概预算定额所确定的消耗量乘以定额单价或市场价,经过不同层次的计算形成相应造价的过程。可以用公式进一步明确工程概预算编制的基本方法和程序。

$$每一计量单位建筑产品的基本构造要素(假定建筑产品)的直接工程费单价 = 人工费 + 材料费 + 施工机械使用费 \quad (2\text{-}2\text{-}3)$$

其中:

$$人工费 = \sum(人工工日数量 \times 人工单价) \quad (2\text{-}2\text{-}4)$$

$$材料费 = \sum(材料用量 \times 材料单价) + 检验试验费 \quad (2\text{-}2\text{-}5)$$

$$机械使用费 = \sum(机械台班用量 \times 机械台班单价) \quad (2\text{-}2\text{-}6)$$

$$单位工程直接费 = \sum(假定建筑产品工程量 \times 直接工程费单价) + 措施费 \quad (2\text{-}2\text{-}7)$$

图 2-2-1 工程概预算编制程序示意图

单位工程概预算造价＝单位工程直接费＋间接费＋利润＋税金 (2-2-8)

单项工程概预算造价＝∑单位工程概预算造价＋设备、工器具购置费 (2-2-9)

建设项目全部工程概预算造价＝∑单项工程的概预算造价＋预备费＋有关的其他费用

(2-2-10)

（二）工程量清单计价的基本程序

工程量清单计价的过程可以分为两个阶段，即工程量清单的编制和工程量清单应用两个阶段。工程量清单编制程序如图 2-2-2 所示，工程量清单应用程序如图 2-2-3 所示。

图 2-2-2 工程量清单编制程序

工程量清单计价的基本原理是：按照工程量清单计价规范规定，在各相应专业工程计量规范规定的工程量清单项目设置和工程量计算规则基础上，针对具体工程的施工图纸和施工组织设计计算出各个清单项目的工程量，根据规定的方法计算出综合单价，并汇总各清单合价得出工程总价。

分部分项工程费＝∑（分部分项工程量×相应分部分项综合单价） (2-2-11)

措施项目费＝∑各措施项目费 (2-2-12)

其他项目费＝暂列金额＋暂估价＋计日工＋总承包服务费 (2-2-13)

单位工程报价＝分部分项工程费＋措施项目费＋其他项目费＋规费＋税金 (2-2-14)

$$单项工程报价 = \sum 单位工程报价 \tag{2-2-15}$$

$$建设项目总报价 = \sum 单项工程报价 \tag{2-2-16}$$

图 2-2-3　工程量清单应用程序

上面公式中,综合单价是指完成一个规定清单项目所需的人工费、材料和工程设备费、施工机具使用费和企业管理费、利润,以及一定范围内的风险费用。风险费用是隐含于已标价工程量清单综合单价中,用于化解发承包双方在工程合同中约定内容和范围内的市场价格波动风险的费用。

工程量清单计价活动涵盖施工招标、合同管理以及竣工交付全过程,主要包括:编制招标工程量清单、招标控制价、投标报价,确定合同价,进行工程计量与价款支付、合同价款的调整、工程结算和工程计价纠纷处理等活动。

四、工程定额体系

工程定额是完成规定计量单位的合格建筑安装产品所消耗资源的数量标准。工程定额是一个综合概念,可以按照不同的原则和方法对它进行分类。

1. 按定额反映的生产要素消耗内容分类

按定额反映的生产要素消耗内容的不同,可以把工程定额划分为劳动消耗定额、机械消耗定额和材料消耗定额三种,见表 2-2-1。

表 2-2-1　按反映的生产要素消耗内容定额的分类

项　目	内　容
劳动消耗定额	简称劳动定额(也称为人工定额),是在正常的施工技术和组织条件下,完成规定计量单位合格的建筑安装产品所消耗的人工工日的数量标准。劳动定额的主要表现形式是时间定额,但同时也表现为产量定额。时间定额与产量定额互为倒数
材料消耗定额	简称材料定额,是指在正常的施工技术和组织条件下,完成规定计量单位合格的建筑安装产品所消耗的原材料、成品、半成品、构配件、燃料以及水、电等动力资源的数量标准

续上表

项　　目	内　　容
机械消耗定额	机械消耗定额是以一台机械一个工作班为计量单位,所以又称为机械台班定额。机械消耗定额是指在正常的施工技术和组织条件下,完成规定计量单位合格的建筑安装产品所消耗的施工机械台班的数量标准。机械消耗定额的主要表现形式是机械时间定额,同时也以产量定额表现

2.按定额的编制程序和用途分类

按定额的编制程序和用途的不同,可以把工程定额分为施工定额、预算定额、概算定额、概算指标、投资估算指标五种,见表 2-2-2。

表 2-2-2　按编制程序和用途定额的分类

项　　目	内　　容
施工定额	施工定额是完成一定计量单位的某一施工过程或基本工序所需消耗的人工、材料和机械台班数量标准。施工定额是施工企业(建筑安装企业)组织生产和加强管理在企业内部使用的一种定额,属于企业定额的性质。施工定额是以某一施工过程或基本工序作为研究对象,表示生产产品数量与生产要素消耗综合关系编制的定额。为了适应组织生产和管理的需要,施工定额的项目划分很细,是工程定额中分项最细、定额子目最多的一种定额,也是工程定额中的基础性定额
预算定额	预算定额是指在正常的施工条件下,完成一定计量单位合格分项工程和结构构件所需消耗的人工、材料、施工机械台班数量及其费用标准。预算定额是一种计价性定额。从编制程序上看,预算定额是以施工定额为基础综合扩大编制的,同时它也是编制概算定额的基础
概算定额	概算定额是完成单位合格扩大分项工程或扩大结构构件所需消耗的人工、材料和施工机械台班的数量及其费用标准,是一种计价性定额。概算定额是编制扩大初步设计概算、确定建设项目投资额的依据。概算定额的项目划分粗细,与扩大初步设计的深度相适应,一般是在预算定额的基础上综合扩大而成的,每一综合分项概算定额都包含了数项预算定额
概算指标	概算指标是以单位工程为对象,反映完成一个规定计量单位建筑安装产品的经济消耗指标。概算指标是概算定额的扩大与合并,以更为扩大的计量单位来编制的。概算指标的内容包括人工、机械台班、材料定额三个基本部分,同时还列出了各结构分部的工程量及单位建筑工程(以体积计或面积计)的造价,是一种计价定额
投资估算指标	投资估算指标是以建设项目、单项工程、单位工程为对象,反映建设总投资及其各项费用构成的经济指标。它是在项目建议书和可行性研究阶段编制投资估算、计算投资需要量时使用的一种定额它的概略程度与可行性研究阶段相适应。投资估算指标往往根据历史的预决算资料和价格变动等资料编制,但其编制基础仍然离不开预算定额、概算定额

上述各种定额的相互联系可参见表2-2-3。

表 2-2-3　各种定额间关系的比较

项目	施工定额	预算定额	概算定额	概算指标	投资估算指标
对象	施工过程或基本工序	分项工程和结构构件	扩大的分项工程或扩大的结构构件	单位工程	建设项目、单项工程、单位工程
用途	编制施工预算	编制施工图预算	编制扩大初步设计概算	编制初步设计概算	编制投资估算
项目划分	最细	细	较粗	粗	很粗
定额水平	平均先进	平均			
定额性质	生产性定额	计价性定额			

3.按照专业分

由于工程建设涉及众多的专业,不同的专业所含的内容也不同,因此就确定人工、材料和机械台班消耗数量标准的工程定额来说,也需按不同的专业分别进行编制和执行。按照专业定额的分类见表2-2-4。

表 2-2-4　按照专业定额的分类

项　目	内　容
建筑工程定额	建筑工程定额按专业对象分为建筑及装饰工程定额、房屋修缮工程定额、市政工程定额、铁路工程定额、公路工程定额、矿山井巷工程定额等
安装工程定额	安装工程定额按专业对象分为电气设备安装工程定额、机械设备安装工程定额、热力设备安装工程定额、通信设备安装工程定额、化学工业设备安装工程定额、工业管道安装工程定额、工艺金属结构安装工程定额等

4.按主编单位和管理权限分类(表 2-2-5)

表 2-2-5　按主编单位和管理权限定额的分类

项　目	内　容
全国统一定额	全国统一定额是由国家建设行政主管部门综合全国工程建设中技术和施工组织管理的情况编制,并在全国范围内适用的定额
行业统一定额	行业统一定额是考虑到各行业部门专业工程技术特点以及施工生产和管理水平编制的。一般是只在本行业和相同专业性质的范围内使用
地区统一定额	地区统一定额包括省、自治区、直辖市定额。地区统一定额主要是考虑地区性特点和全国统一定额水平作适当调整和补充编制
企业定额	企业定额是施工单位根据本企业的施工技术、机械装备和管理水平编制的人工、施工机械台班和材料等的消耗标准。企业定额在企业内部使用,是企业综合素质的一个标志。企业定额水平一般应高于国家现行定额,才能满足生产技术发展、企业管理和市场竞争的需要。在工程量清单计价方式下,企业定额作为施工企业进行建设工程投标报价的计价依据,正发挥着越来越大的作用

续上表

项　　目	内　　容
补充定额	补充定额是指随着设计、施工技术的发展,现行定额不能满足需要的情况下,为了补充缺陷所编制的定额。补充定额只能在指定的范围内使用,可以作为以后修订定额的基础

第二节　工程量清单计价与计量规范

一、工程量清单计价的使用范围

计价规范适用于建设工程发承包及其实施阶段的计价活动。使用国有资金投资的建设工程发承包,必须采用工程量清单计价;非国有资金投资的建设工程,宜采用工程量清单计价;不采用工程量清单计价的建设工程,应执行计价规范中除工程量清单等专门性规定外的其他规定。

国有资金投资的项目包括全部使用国有资金(含国家融资资金)投资或以国有资金投资为主的工程建设项目。

(1)国有资金投资的工程建设项目包括:

1)使用各级财政预算资金的项目;

2)使用纳入财政管理的各种政府性专项建设资金的项目;

3)使用国有企事业单位自有资金,并且国有资产投资者实际拥有控制权的项目。

(2)国家融资资金投资的工程建设项目包括:

1)使用国家发行债券所筹资金的项目;

2)使用国家对外借款或者担保所筹资金的项目;

3)使用国家政策性贷款的项目;

4)国家授权投资主体融资的项目;

5)国家特许的融资项目。

(3)以国有资金(含国家融资资金)为主的工程建设项目是指国有资金占投资总额50%以上,或虽不足50%但国有投资者实质上拥有控股权的工程建设项目。

二、分部分项工程项目清单

分部分项工程是"分部工程"和"分项工程"的总称。"分部工程"是单位工程的组成部分,系按结构部位、路段长度及施工特点或施工任务将单位工程划分为若干分部的工程。例如,市政工程分为土石方工程、道路工程、桥涵工程、隧道工程、管网工程、水处理工程等分部工程。"分项工程"是分部工程的组成部分,系按不同施工方法、材料、工序及路段长度等分部工程划分为若干个分项或项目的工程。例如砌筑分为干砌块料、浆砌块料、砖砌体等分项工程。

分部分项工程项目清单必须载明项目编码、项目名称、项目特征、计量单位和工程量。分部分项工程项目清单必须根据各专业工程计量规范规定的项目编码、项目名称、项目特征、计量单位和工程量计算规则进行编制,其格式见表2-2-6。在分部分项工程量清单的编制过程中,由招标人负责前六项内容填列,金额部分在编制招标控制价或投标报价时填列。

表 2-2-6　分部分项工程量清单与计价表

工程名称：　　　　　　　　　　标段：　　　　　　　　　　第　页　共　页

序号	项目编码	项目名称	项目特征描述	计量单位	工程量	金额		
						综合单价	合价	其中：暂估价

（一）项目编码

项目编码是分部分项工程和措施项目清单名称的阿拉伯数字标识。分部分项工程量清单项目编码以五级编码设置，用十二位阿拉伯数字表示。一、二、三、四级编码为全国统一，即一至九位应按计价规范附录的规定设置；第五级即十至十二位为清单项目编码，应根据拟建工程的工程量清单项目名称设置，不得有重号，这三位清单项目编码由招标人针对招标工程项目具体编制，并应自 001 起顺序编制。

各级编码代表的含义如下：

第一级表示工程分类顺序码（分二位）。

第二级表示专业工程顺序码（分二位）。

第三级表示分部工程顺序码（分二位）。

第四级表示分项工程项目名称顺序码（分三位）。

第五级表示工程量清单项目名称顺序码（分三位）。

项目编码结构如图 2-2-4 所示（以园林绿化工程为例）。

图 2-2-4　工程量清单项目编码结构

当同一标段（或合同段）的一份工程量清单中含有多个单位工程且工程量清单是以单位工程为编制对象时，在编制工程量清单时应特别注意对项目编码十至十二位的设置不得有重码的规定。

（二）项目名称

分部分项工程量清单的项目名称应按各专业工程计量规范附录的项目名称结合拟建工程的实际确定。附录表中的"项目名称"为分项工程项目名称，是形成分部分项工程量清单项目名称的基础。即在编制分部分项工程量清单时，以附录中的分项工程项目名称为基础，考虑该项目的规格、型号、材质等特征要求，结合拟建工程的实际情况，使其工程量清单项目名称具体化、细化，以反映影响工程造价的主要因素。清单项目名称应表达详细、准确，各专业工程计量规范中的分项工程项目名称如有缺陷，招标人可作补充，并报当地工程造价管理机构（省级）备案。

（三）项目特征

项目特征是构成分部分项工程项目、措施项目自身价值的本质特征。项目特征是对项目的准确描述，是确定一个清单项目综合单价不可缺少的重要依据，是区分清单项目的依据，是履行合同义务的基础。分部分项工程量清单的项目特征应按各专业工程计量规范附录中规定的项目特征，结合技术规范、标准图集、施工图纸，按照工程结构、使用材质及规格或安装位置等，予以详细而准确地表述和说明。凡项目特征中未描述到的其他独有特征，由清单编制人视项目具体情况确定，以准确描述清单项目为准。

在各专业工程计量规范附录中还有关于各清单项目"工作内容"的描述。工作内容是指完成清单项目可能发生的具体工作和操作程序，但应注意的是，在编制分部分项工程量清单时，工作内容通常无需描述，因为在计价规范中，工程量清单项目与工程量计算规则、工作内容有一一对应关系，当采用计价规范这一标准时，工作内容均有规定。

（四）计量单位

计量单位应采用基本单位，除各专业另有特殊规定外均按以下单位计量：

以重量计算的项目——吨或千克（t 或 kg）；以体积计算的项目——立方米（m^3）；以面积计算的项目——平方米（m^2）；以长度计算的项目——米（m）；以自然计量单位计算的项目——个、套、块、樘、组、台等；没有具体数量的项目——宗、项等。

各专业有特殊计量单位的，另外加以说明，当计量单位有两个或两个以上时，应根据

所编工程量清单项目的特征要求，选择最适宜表现该项目特征并方便计量的单位。

计量单位的有效位数应遵守下列规定：以"t"为单位，应保留小数点后三位数字，第四位小数四舍五入；以"m"、"m^2"、"m^3"、"kg"为单位，应保留小数点后两位数字，第三位小数四舍五入；以"个"、"件"、"根"、"组"、"系统"等为单位，应取整数。

（五）工程数量的计算

工程数量主要通过工程量计算规则计算得到。工程量计算规则是指对清单项目工程量的计算规定。除另有说明外，所有清单项目的工程量应以实体工程量为准，并以完成后的净值计算。投标人投标报价时，应在单价中考虑施工中的各种损耗和需要增加的工程量。

根据工程量清单计价与计量规范的规定，工程量计算规则可以分为房屋建筑与装饰工程、仿古建筑工程、通用安装工程、市政工程、园林绿化工程、矿山工程、构筑物工程、城市轨道交通工程、爆破工程九大类。

以房屋建筑与装饰工程为例，其计量规范中规定的实体项目包括土石方工程，地基处理与边坡支护工程，桩基工程，砌筑工程，混凝土及钢筋混凝土工程，金属结构工程，木结构工程，门窗工程，屋面及防水工程，保温、隔热、防腐工程，楼地面装饰工程，墙、柱面装饰与隔断、幕墙工程，天棚工程，油漆、涂料、裱糊工程，其他装饰工程，拆除工程等，分别制定了它们的项目的设置和工程量计算规则。

随着工程建设中新材料、新技术、新工艺等的不断涌现，计量规范附录所列的工程量清单项目不可能包含所有项目。在编制工程量清单时，当出现计量规范附录中未包括的清单项目时，编制人应作补充。在编制补充项目时应注意以下三个方面：

（1）补充项目的编码应按计量规范的规定确定。具体做法如下：补充项目的编码由计量规范的代码与 B 和三位阿拉伯数字组成，并应从 001 起顺序编制，例如房屋建筑与装饰工程如需补充项目，则其编码应从 01B001 开始起顺序编制，同一招标工程的项目不得重码。

（2）在工程量清单中应附补充项目的项目名称、项目特征、计量单位、工程量计算规则和工

作内容。

(3)将编制的补充项目报省级或行业工程造价管理机构备案。

三、措施项目清单

(一)措施项目列项

措施项目是指为完成工程项目施工,发生于该工程施工准备和施工过程中的技术、生活、安全、环境保护等方面的项目。

措施项目清单应根据相关工程现行国家计量规范的规定编制,并应根据拟建工程的实际情况列项。例如,《园林绿化工程工程量计算规范》(GB 50858—2013)中规定的措施项目,包括大型机械设备进出场及安拆,施工排水、降水,安全文明施工及其他措施项目。

(二)措施项目清单的标准格式

1.措施项目清单的类别

措施项目费用的发生与使用时间、施工方法或者两个以上的工序相关,并大都与实际完成的实体工程量的大小关系不大,如安全文明施工,夜间施工,非夜间施工照明,二次搬运,冬雨季施工,地上、地下设施、建筑物的临时保护设施,已完工程及设备保护等。但是有些非实体项目则是可以计算工程量的项目,如脚手架工程,混凝土模板及支架(撑),垂直运输,超高施工增加,大型机械设备进出场及安拆,施工排水、降水等,与完成的工程实体具有直接关系,并且是可以精确计量的项目,用分部分项工程量清单的方式采用综合单价,更有利于措施费的确定和调整。措施项目中不能计算工程量的项目清单,以"项"为计量单位进行编制(表 2-2-7);可以计算工程量的项目清单宜采用分部分项工程量清单的方式编制,列出项目编码、项目名称、项目特征、计量单位和工程量计算规则(表 2-2-8)。

表 2-2-7　措施项目清单与计价表(一)

工程名称:　　　　　　　标段:　　　　　　　　　　　　　　第 页　共 页

序号	项目编号	项目名称	计算基础	费率(%)	金额(元)
		安全文明施工			
		夜间施工			
		非夜间施工照明			
		二次搬运			
		冬雨季施工			
		地上、地下设施、建筑物的临时保护设施			
		已完成工程及设备保护			
		各专业工程的措施项目			
		……			
合　　计					

注:1.本表适用于以"项"计价的措施项目。

　　2.根据建设部、财政部发布的《建筑安装工程费组成》(建标〔2003〕206 号)的规定,计算基础可为直接费、人工费或人工费+机械费。

表 2-2-8 措施项目清单与计价表（二）

工程名称：　　　　　　　　　　　标段：　　　　　　　　　　　第 页 共 页

序号	项目编号	项目名称	项目特征描述	计量单位	工程量	金额(元)	
						综合单价	合价
本页小计							
合　计							

注：本表适用于以综合单价形式计价的措施项目。

2.措施项目清单的编制

措施项目清单的编制需考虑多种因素，除工程本身的因素外，还涉及水文、气象、环境、安全等因素。措施项目清单应根据拟建工程的实际情况列项。若出现清单计价规范中未列的项目，可根据工程实际情况补充。

措施项目清单的编制依据主要有：施工现场情况、地勘水文资料、工程特点；常规施工方案；与建设工程有关的标准、规范、技术资料；拟定的招标文件；建设工程设计文件及相关资料。

四、其他项目清单

其他项目清单是指除分部分项工程量清单、措施项目清单所包含的内容以外，因招标人的特殊要求而发生的与拟建工程有关的其他费用项目和相应数量的清单。工程建设标准的高低、工程的复杂程度、工程的工期长短、工程的组成内容、发包人对工程管理要求等都直接影响其他项目清单的具体内容。其他项目清单包括暂列金额；暂估价（包括材料暂估单价、工程设备暂估单价、专业工程暂估价）、计日工、总承包服务费。其他项目清单宜按照表 2-2-9 的格式编制，出现未包含在表格中内容的项目，可根据工程实际情况补充。

表 2-2-9 其他项目清单与计价汇总表

序号	项目名称	计量单位	金额(元)
1	暂列金额		
2	暂估价		
2.1	材料(工程设备)暂估单价		—
2.2	专业工程暂估价		
3	计日工		
4	总承包服务费		
合　计			

注：材料暂估单价进入清单项目综合单价，此处不汇总。

（一）暂列金额

暂列金额是指招标人在工程量清单中暂定并包括在合同价款中的一笔款项。用于工程合同签订时尚未确定或者不可预见的所需材料、工程设备、服务的采购，施工中可能发生的工程变更、合同约定调整因素出现时的合同价款调整，以及发生的索赔、现场签证确认等的费用。

不管采用何种合同形式,其理想的标准是,一份合同的价格就是其最终的竣工结算价格,或者至少两者应尽可能接近。

我国规定对政府投资工程实行概算管理,经项目审批部门批复的设计概算是工程投资控制的刚性指标,即使商业性开发项目也有成本的预先控制问题,否则,无法相对准确预测投资的收益和科学合理地进行投资控制。但工程建设自身的特性决定了工程的设计需要根据工程进展不断地进行优化和调整,业主需求可能会随工程建设进展出现变化,工程建设过程还会存在一些不能预见、不能确定的因素。消化这些因素必然会影响合同价格的调整,暂列金额正是因这类不可避免的价格调整而设立,以便达到合理确定和有效控制工程造价的目标。设立暂列金额并不能保证合同结算价格就不会再出现超过合同价格的情况,是否超出合同价格完全取决于工程量清单编制人对暂列金额预测的准确性,以及工程建设过程是否出现了其他事先未预测到的事件。

(二)暂估价

暂估价是指招标人在工程量清单中提供的用于支付必然发生但暂时不能确定价格的材料、工程设备的单价以及专业工程的金额,包括材料暂估单价、工程设备暂估单价和专业工程暂估价。暂估价数量和拟用项目应当结合工程量清单中的"暂估价表"予以补充说明。为方便合同管理,需要纳入分部分项工程量清单项目综合单价中的暂估价应只是材料、工程设备暂估单价,以方便投标人组价。

专业工程的暂估价一般应是综合暂估价,应当包括除规费和税金以外的管理费、利润等取费。公开透明地合理确定这类暂估价的实际开支金额的最佳途径就是通过施工总承包人与工程建设项目招标人共同组织的招标。

暂估价中的材料、工程设备暂估单价应根据工程造价信息或参照市场价格估算,列出明细表;专业工程暂估价应分不同专业,按有关计价规定估算,列出明细表。暂估价可按照表 2-2-10、表 2-2-11 的格式列示。

表 2-2-10　材料(工程设备)暂估单价表

工程名称:　　　　　　　　　标段:　　　　　　　　　第　页　共　页

序号	材料(工程设备)名称、规格、型号	计量单位	单价(元)	备注
1				
2				
3				

注:1. 此表由招标人填写,并在备注栏说明暂估价的材料、工程设备拟用在哪些清单项目上,投表人应将上述材料、工程设备暂估单价计入工程量清单综合单价报价中。

2. 材料、工程设备单位包括《建筑安装工程费用项目组成》(建标〔2003〕206 号)中规定的材料、工程设备费内容。

表 2-2-11　专业工程暂估价

工程名称:　　　　　　　　　标段:　　　　　　　　　第　页　共　页

序号	工程名称	工程内容	金额(元)	备注
1				
2				

续上表

序号	工程名称	工程内容	金额(元)	备注
3				
合 计				

注:此表由招标人填写,投标人应将上述专业工程暂估价计入投标总价中。

(三)计日工

计日工是指在施工过程中,承包人完成发包人提出的工程合同范围以外的零星项目或工作,按合同中约定的单价计价的一种方式。

计日工是为了解决现场发生的零星工作的计价而设立的。国际上常见的标准合同条款中,大多数都设立了计日工计价机制。计日工对完成零星工作所消耗的人工工时、材料数量、施工机械台班进行计量,并按照计日工表中填报的适用项目的单价进行计价支付。计日工适用的所谓零星项目或工作一般是指合同约定之外的或者因变更而产生的、工程量清单中没有相应项目的额外工作,尤其是那些难以事先商定价格的额外工作。

计日工应列出项目名称、计量单位和暂估数量。计日工可按照表2-2-12的格式列示。

表 2-2-12 计日工表

工程名称: 标段: 第 页 共 页

序号	项目名称	计量单位	暂定数量	综合单价	合价
一	人工				
1					
2					
…					
人工小计					
二	材料				
1					
2					
…					
材料小计					
三	施工机械				
1					
2					
…					
施工机械小计					
总 计					

注:此表项目名称、数量由招标人填写,编制招标控制价时,单价由招标人按有关规定确定;投标时,单价由投标人自主报价,计入投标总价中。

(四)总承包服务费

总承包服务费是指总承包人为配合协调发包人进行的专业工程发包,对发包人自行采购的材料、工程设备等进行保管以及施工现场管理、竣工资料汇总整理等服务所需的费用。招标人应预计该项费用并按投标人的投标报价向投标人支付该项费用。

总承包服务费应列出服务项目及其内容等。总承包服务费按照表 2-2-13 的格式列示。

表 2-2-13 总承包服务费计价表

工程名称: 　　　　　　　标段: 　　　　　　　　　　　第 页 共 页

序号	项目名称	项目价值(元)	服务内容	费率(%)	金额(元)
1	发包人发包专业工程				
2	发包人提供材料				
	合　　计				

注:此表项目名称、服务内容由招标人填写,编制招标控制价时,费率及金额由招标人按有关计价规定确定;投标时,费率及金额由投标人自主报价,计入投标总价中。

五、规费、税金项目清单

规费、税金项目清单的内容见表 2-2-14。

表 2-2-14 规费、税金项目清单的内容

项　　目	内　　容
规费项目清单	规费项目清单应按照下列内容列项:社会保险费,包括养老保险费、失业保险费、医疗保险费、工伤保险费、生育保险费;住房公积金;工程排污费;出现计价规范中未列的项目,应根据省级政府或省级有关权力部门的规定列项
税金项目清单	税金项目清单应包括下列内容:营业税;城市维护建设税;教育费附加;地方教育附加。出现计价规范未列的项目,应根据税务部门的规定列项

规费、税金项目计价表见表 2-2-15。

表 2-2-15 规费、税金项目计价表

工程名称: 　　　　　　　标段: 　　　　　　　　　　　第 页 共 页

序号	项目名称	计算基础	计算基数	计算费率(%)	金额(元)
1	规费	定额人工费			
1.1	社会保障费	定额人工费			
(1)	养老保险费	定额人工费			
(2)	失业保险费	定额人工费			
(3)	医疗保险费	定额人工费			
(4)	工伤保险费	定额人工费			
(5)	生育保险费	定额人工费			
1.2	住房公积金	定额人工费			

续上表

序号	项目名称	计算基础	计算基数	计算费率（%）	金额（元）
1.3	工程排污费	按工程所在地环境保护部门收取标准，按实计入			
…					
2	税金	分部分项目工程费＋措施费项目费＋其他项目费＋规费－按规定不计税的工程设备金额			
合　计					

编制人（造价人员）：　　　　　　　　　　　　复核人（造价工程师）：

第三节　建筑安装工程人工、材料及机械台班定额消耗量

一、施工过程分析及工时研究

（一）施工过程及其分类

1. 施工过程

施工过程就是在建设工地范围内所进行的生产过程。其最终目的是要建造、恢复、改建、移动或拆除工业、民用建筑物和构筑物的全部或一部分。

建筑安装施工过程与其他物质生产过程一样，也包括生产力三要素，即劳动者、劳动对象、劳动工具。

施工过程是由不同工种、不同技术等级的建筑安装工人完成的，并且必须有一定的劳动对象（建筑材料、半成品、构件、配件等），使用一定的劳动工具（手动工具、小型机具和机械等）。每个施工过程的结束，获得了一定的产品，这种产品或者是改变了劳动对象的外表形态、内部结构或性质（由于制作和加工的结果），或者是改变了劳动对象在空间的位置（由于运输和安装的结果）。

2. 施工过程分类

为了使我们能够更深入地确定施工过程各个工序组成的必要性及其顺序的合理性，正确制定各个工序所需要的工时消耗，应对施工过程进行细致分析。

（1）根据施工过程组织上的复杂程度，可以将其分解为工序、工作过程和综合工作过程。

1）工序是在组织上不可分割的，在操作过程中技术上属于同类的施工过程。工序的特征是：工作者不变，劳动对象、劳动工具和工作地点也不变。在工作中如有一项改变，那就说明已经由一项工序转入另一项工序了。

从施工的技术操作和组织观点看，工序是工艺方面最简单的施工过程。如果从劳动过程的观点看，工序又可以分解为更小的组成部分——操作和动作。操作本身又包括了最小的组成部分——动作，而动作又是由许多动素组成的。动素是人体动作的分解，每一个操作和动作都是完成施工工序的一部分。施工过程、工序、操作、动作的关系如图 2-2-5 所示。

图 2-2-5　施工过程的组成

在编制施工定额时,工序是基本的施工过程,是主要的研究对象。测定定额时只需分解和标定到工序为止。如果进行某项先进技术或新技术的工时研究,就要分解到操作甚至动作为止,从中研究可加以改进操作或节约工时。

工序可以由一个人来完成,也可以由小组或施工队内的几名工人协同完成;可以手动完成,也可以由机械操作完成。在机械化的施工工序中,还可以包括由工人自己完成的各项操作和由机器完成的工作两部分。

2)工作过程是由同一工人或同一小组所完成的在技术操作上相互有机联系的工序的总合体。其特点是人员编制不变,工作地点不变,而材料和工具则可以变换。

3)综合工作过程是同时进行的,在组织上有机地联系在一起的,并且最终能获得一种产品的施工过程的总和。

(2)按照工艺特点,施工过程可以分为循环施工过程和非循环施工过程两类。凡各个组成部分按一定顺序一次循环进行,并且每经一次重复都可以生产出同一种产品的施工过程,称为循环施工过程。反之,若施工过程的工序或其组成部分不是以同样的次序重复,或者生产出来的产品各不相同,这种施工过程则称为非循环的施工过程。

3.施工过程的影响因素

对施工过程的影响因素进行研究,可以正确确定单位施工产品所需要的作业时间消耗。施工过程的影响因素包括技术因素、组织因素和自然因素,见表 2-2-16。

表 2-2-16　施工过程的影响因素

影响因素	内　　容
技术因素	产品的种类和质量要求,所用材料、半成品、构配件的类别、规格和性能,所用工具和机械设备的类别、型号、性能及完好情况等
组织因素	施工组织与施工方法、劳动组织、工人技术水平、操作方法和劳动态度、工资分配方式、劳动竞赛等
自然因素	酷暑、大风、雨、雪、冰冻等气候

(二)工作时间分类

研究施工中的工作时间最主要的目的是确定施工的时间定额和产量定额,其前提是对工作时间按其消耗性质进行分类,以便研究工时消耗的数量及其特点。

工作时间,指的是工作班延续时间。例如 8 小时工作制的工作时间就是 8 小时,午休时间不包括在内。对工作时间消耗的研究,可以分为两个系统进行,即工人工作时间的消耗和工人所使用的机器工作时间消耗。

1. 工人工作时间消耗的分类

工人在工作班内消耗的工作时间,按其消耗的性质,基本可以分为两大类:必需消耗的时间和损失时间。工人工作时间的分类一般如图 2-2-6 所示。

图 2-2-6　工人工作时间分类图

(1)必需消耗的工作时间是工人在正常施工条件下,为完成一定合格产品或完成一个工作任务所消耗掉时间,是制定定额的主要依据,包括有效工作时间、休息时间和不可避免中断时间的消耗。

1)有效工作时间是从生产效果来看与产品生产直接有关的时间消耗。其中,包括基本工作时间、辅助工作时间、准备与结束工作时间的消耗。

①基本工作时间是工人完成能生产一定产品的施工工艺过程所消耗的时间。通过这些工艺过程可以使材料改变外形、结构与性质;可以使预制构配件安装组合成型;也可以改变产品外部及表面的性质。基本工作时间所包括的内容依工作性质各不相同。基本工作时间的长短和工作量大小成正比。

②辅助工作时间是为保证基本工作能顺利完成所消耗的时间。在辅助工作时间里,不能使产品的形状大小、性质或位置发生变化。辅助工作时间的结束,往往就是基本工作时间的开始。辅助工作一般是手工操作。但如果在机手并动的情况下,辅助工作是在机械运转过程中进行的,为避免重复则不应再计辅助工作时间的消耗。辅助工作时间的长短与工作量大小有关。

③准备与结束工作时间是执行任务前或任务完成后所消耗的工作时间。准备和结束工作时间的长短与所担负的工作量大小无关,但往往和工作内容有关。这项时间消耗可以分为班内的准备与结束工作时间和任务的准备与结束工作时间。其中,任务的准备和结束时间是在一批任务的开始与结束时产生的,如熟悉图纸、准备相应的工具、事后清理场地等,通常不反映在每一个工作班里。

2)休息时间是工人在工作过程中为恢复体力所必需的短暂休息和生理需要的时间消耗。这种时间是为了保证工人精力充沛地进行工作,所以在定额时间中必须进行计算。休息时间的长短和劳动条件、劳动强度有关,劳动越繁重紧张、劳动条件越差,则休息时间越长。

3)不可避免的中断所消耗的时间是由于施工工艺特点引起的工作中断所必需的时间。与施工过程工艺特点有关的工作中断时间,应包括在定额时间内,但应尽量缩短此项时间消耗。

(2)损失时间与产品生产无关,而与施工组织和技术上的缺点有关,与工人在施工过程中的个人过失或某些偶然因素有关,损失时间中包括有多余和偶然工作、停工、违背劳动纪律所引起的工时损失。

1)多余工作,就是工人进行了任务以外而又不能增加产品数量的工作。多余工作的工时损失,一般都是由于工程技术人员和工人的差错而引起的,因此,不应计入定额时间中。偶然工作也是工人在任务外进行的工作,但能够获得一定产品。如抹灰工不得不补上偶然遗留的墙洞等。由于偶然工作能获得一定产品,拟定定额时要适当考虑它的影响。

2)停工时间是工作班内停止工作造成的工时损失。停工时间按其性质可分为施工本身造成的停工时间和非施工本身造成的停工时间两种。施工本身造成的停工时间,是由于施工组织不善、材料供应不及时、工作面准备工作做得不好、工作地点组织不良等情况引起的停工时间。非施工本身造成的停工时间,是由于水源、电源中断引起的停工时间。前一种情况在拟定定额时不应该计算,后一种情况定额中则应给予合理的考虑。

3)违背劳动纪律造成的工作时间损失,是指工人在工作班开始和午休后的迟到、午饭前和工作班结束前的早退、擅自离开工作岗位、工作时间内聊天或办私事等造成的工时损失。由于个别工人违背劳动纪律而影响其他工人无法工作的时间损失,也包括在内。

2.机器工作时间消耗的分类

在机械化施工过程中,对工作时间消耗的分析和研究,除了要对工人工作时间的消耗进行分类研究之外,还需要分类研究机器工作时间的消耗。

机器工作时间的消耗,按其性质也分为必需消耗的时间和损失时间两大类,如图2-2-7所示。

图 2-2-7　机器工作时间分类图

(1)在必需消耗的工作时间里,包括有效工作、不可避免的无负荷工作和不可避免的中断三项时间消耗。而在有效工作的时间消耗中又包括正常负荷下、有根据地降低负荷下的工时消耗。

1)正常负荷下的工作时间,是机器在与机器说明书规定的额定负荷相符的情况下进行工作的时间。

2)有根据地降低负荷下的工作时间,是在个别情况下由于技术上的原因,机器在低于其计算负荷下工作的时间。例如,汽车运输重量轻而体积大的货物时,不能充分利用汽车的载重吨位因而不得不降低其计算负荷。

3)不可避免的无负荷工作时间,是由施工过程的特点和机械结构的特点造成的机械无负荷工作时间。例如,筑路机在工作区末端调头等,就属于此项工作时间的消耗。

4)不可避免的中断工作时间是与工艺过程的特点、机器的使用和保养、工人休息有关的中断时间。

①与工艺过程的特点有关的不可避免中断工作时间,有循环的和定期的两种。循环的不可避免中断,是在机器工作的每一个循环中重复一次。定期的不可避免中断,是经过一定时期重复一次。

②与机器有关的不可避免中断工作时间,是由于工人进行准备与结束工作或辅助工作时,机器停止工作而引起的中断工作时间。它是与机器的使用与保养有关的不可避免中断时间。

③工人休息时间,前面已经作了说明。这里要注意的是,应尽量利用与工艺过程有关的和与机器有关的不可避免中断时间进行休息,以充分利用工作时间。

(2)损失的工作时间包括多余工作、停工、违背劳动纪律所消耗的工作时间和低负荷下的工作时间。

1)机器的多余工作时间,一是机器进行任务内和工艺过程内未包括的工作而延续的时间,如工人没有及时供料而使机器空运转的时间;二是机械在负荷下所做的多余工作,如混凝土搅拌机搅拌混凝土时超过规定搅拌时间,即属于多余工作时间。

2)机器的停工时间,按其性质也可分为施工本身造成和非施工本身造成的停工。前者是由于施工组织得不好而引起的停工现象,如由于未及时供给机器燃料而引起的停工。后者是由于气候条件所引起的停工现象。上述停工中延续的时间,均为机器的停工时间。

3)违反劳动纪律引起的机器的时间损失,是指由于工人迟到早退或擅离岗位等原因引起的机器停工时间。

4)低负荷下的工作时间,是由于工人或技术人员的过错所造成的施工机械在降低负荷的情况下工作的时间。此项工作时间不能作为计算时间定额的基础。

(三)计时观察法

定额测定是制定定额的一个主要步骤。测定定额是用科学的方法观察、记录、整理、分析施工过程,为制定建筑工程定额提供可靠依据。测定定额通常使用计时观察法,计时观察法是测定时间消耗的基本方法。

1.计时观察法概述

计时观察法,是研究工作时间消耗的一种技术测定方法。它以研究工时消耗为对象,以观察测时为手段,通过密集抽样和粗放抽样等技术进行直接的时间研究。计时观察法用于建筑施工中时以现场观察为主要技术手段,所以也叫现场观察法。计时观察法的具体用途如下。

（1）取得编制施工的劳动定额和机械定额所需要的基础资料和技术根据。

（2）研究先进工作法和先进技术操作对提高劳动生产率的具体影响，并应用和推广先进工作法和先进技术操作。

（3）研究减少工时消耗的潜力。

（4）研究定额执行情况，包括研究大面积、大幅度超额和达不到定额的原因，积累资料、反馈信息。

计时观察法能够把现场工时消耗情况和施工组织技术条件联系起来加以考察，它不仅能为制定定额提供基础数据，而且也能为改善施工组织管理、改善工艺过程和操作方法、消除不合理的工时损失和进一步挖掘生产潜力提供技术根据。计时观察法的局限性，是考虑人的因素不够。

2.计时观察前的准备工作

计时观察前的准备工作见表 2-2-17。

表 2-2-17　计时观察前的准备工作

项　　目	内　　容
确定需要进行计时观察的施工过程	计时观察之前的第一个准备工作，是研究并确定有哪些施工过程需要进行计时观察。对于需要进行计时观察的施工过程要编出详细的目录，拟订工作进度计划，制定组织技术措施，并组织编制定额的专业技术队伍，按计划认真开展工作。在选择观察对象时，必须注意所选择的施工过程要完全符合正常施工条件。所谓施工的正常条件，是指绝大多数企业和施工队、组，在合理组织施工的条件下所处的施工条件。与此同时，还需调查影响施工过程的技术因素、组织因素和自然因素
对施工过程进行预研究	对于已确定的施工过程的性质应进行充分的研究，目的是为了正确地安排计时观察和收集可靠的原始资料。研究的方法，是全面地对各个施工过程及其所处的技术组织条件进行实际调查和分析，以便设计正常的（标准的）施工条件和分析研究测时数据。 （1）熟悉与该施工过程有关的现行技术规范和技术标准等文件和资料。 （2）了解新采用的工作方法的先进程度，了解已经得到推广的先进施工技术和操作，还应了解施工过程存在的技术组织方面的缺点和由于某些原因造成的混乱现象。 （3）注意系统地收集完成定额的统计资料和经验资料，以便与计时观察所得的资料进行对比分析。 （4）把施工过程划分为若干个组成部分（一般划分到工序）。施工过程划分的目的是便于计时观察。如果计时观察法的目的是为了研究先进工作法，或是分析影响劳动生产率提高或降低的因素，则必须将施工过程划分到操作以至动作。 （5）确定定时点和施工过程产品的计量单位。所谓定时点，即是上下两个相衔接的组成部分之间的分界点。确定定时点，对于保证计时观察的精确性是不容忽略的因素。确定产品计量单位，要能具体地反映产品的数量，并具有最大限度的稳定性

续上表

项 目	内 容
选择观察对象	观察对象,就是对其进行计时观察完成该施工过程的工人。所选择的建筑安装工人,应具有与技术等级相符的工作技能和熟练程度,所承担的工作与其技术等级相符,同时应该能够完成或超额完成现行的施工劳动定额
其他准备工作	还应准备好必要的用具和表格。如测时用的秒表或电子计时器,记录和整理测时资料用的各种表格,测量产品数量的工器具等。如果有条件且有必要,还可配备电影摄像和电子记录设备

3.计时观察法的分类

计时观察法种类很多,最主要的有三种,如图 2-2-8 所示。

图 2-2-8 计时观察法的种类

(1)测时法。测时法主要适用于测定定时重复的循环工作的工时消耗,是精确度比较高的一种计时观察法,一般可达到 0.2～15 s。测时法只用来测定施工过程中循环组成部分工作时间消耗,不研究工人休息、准备与结束即其他非循环的工作时间。

1)测时法的分类。根据具体测时手段不同,可将测时法分为选择法和接续法两种,见表2-2-18。

表 2-2-18 测时法的分类

类 型	内 容
选择法测时	选择法测时是间隔选择施工过程中非紧连接的组成部分(工序或操作)测定工时,精确度达 0.5 s。 选择法测时也称为间隔法测时。采用选择法测时,当被观察的某一循环工作的组成部分开始,观察者立即开动秒表,当该组成部分终止,则立即停止秒表。然后把秒表上指示的延续时间记录到选择法测时记录(循环整理)表上,并把秒针拨回到零点。下一组成部分开始,再开动秒表,如此依次观察,并依次记录下延续时间。 采用选择法测时,应特别注意掌握定时点。记录时间时仍在进行的工作组成部分,应不予观察。当所测定的各工序或操作的延续时间较短时,连续测定比较困难,用选择法测时比较方便且简单
接续法测时	接续法测时是连续测定一个施工过程各工序或操作的延续时间。接续法测时每次要记录各工序或操作的终止时间,并计算出本工序的延续时间。 接续法测时也称作连续法测时。它比选择法测时准确、完善,但观察技术也较之复杂。它的特点是在工作进行中和非循环组成部分出现之前一直不停止秒表,秒针走动过程中,观察者根据各组成部分之间的定时点,记录它的终止时间,再用定时点终止时间之间的差表示各组成部分的延续时间

2)测时法的观察次数。由于测时法是属于抽样调查的方法,因此为了保证选取样本的数据可靠,需要对于同一施工过程进行重复测时。一般来说,观测的次数越多,资料的准确性越高,但要花费较多的时间和人力,这样既不经济,也不现实。确定观测次数较为科学的方法,应该是依据误差理论和经验数据相结合的方法来判断。表 2-2-19 给出了测时法下观察次数的确定方法。很显然,需要的观察次数与要求的算术平均值精确度及数列的稳定系数有关。

表 2-2-19　测时法所必需的观察次数表

稳定系数 $K_P = \dfrac{t_{max}}{t_{min}}$	要求的算术平均值精确度 $E = \pm \dfrac{1}{\overline{X}} \sqrt{\dfrac{\sum \Delta^2}{n(n-1)}}$				
	5%以内	7%以内	10%以内	15%以内	25%以内
	观察次数				
1.5	9	6	5	5	5
2	16	11	7	5	5
2.5	23	15	10	6	5
3	30	18	12	8	6
4	39	25	15	10	7
5	47	31	19	11	8

注:t_{max}—最大观测值;t_{min}—最小观测值;$\overline{X}$—算术平均值;n—观察次数;Δ—每次观察值与算术平均值之差。

(2)写实记录法。写实记录法是一种研究各种性质的工作时间消耗的方法,包括基本工作时间、辅助工作时间、不可避免中断时间、准备与结束时间以及各种损失时间。采用这种方法,可以获得分析工作时间消耗和制定定额所必需的全部资料。这种测定方法比较简便、易于掌握,并能保证必需的精确度。因此,写实记录法在实际中得到了广泛应用。

写实记录法的观察对象,可以是一个工人,也可以是一个工人小组。当观察由一个人单独操作或产品数量可单独计算时,采用个人写实记录。如果观察工人小组的集体操作,而产品数量又无法单独计算时,则可采用集体写实记录。

1)写实记录法的种类。写实记录法按记录时间的方法不同分为数示法、图示法和混合法三种(表 2-2-20),计时一般采用有秒针的普通计时表即可。

表 2-2-20　写实记录分类

分　类	内　容
数示法	数示法的特征是用数字记录工时消耗,是三种写实记录法中精确度较高的一种,精确度达 5 s,可以同时对两个工人进行观察,适用于组成部分较少而且比较稳定的施工过程。数示法用来对整个工作班或半个工作班进行长时间观察,因此能反映工人或机器工作日全部情况
图示法	图示法是在规定格式的图表上用时间进度线条表示工时消耗量的一种记录方式,精确度可达 30 s,可同时对 3 个以内的工人进行观察。这种方法的主要优点是记录简单,时间一目了然,原始记录整理方便

续上表

分　类	内　容
混合法	混合法吸取数字和图示两种方法的优点,以图示法中的时间进度线条表示工序的延续时间,在进度线的上部加写数字表示各时间区段的工人数。混合法适用于3个以上工人工作时间的集体写实记录

2)写实记录法的延续时间。与确定测时法的观察次数相同,为保证写实记录法的数据可靠性,需要确定写实记录法的延续时间。延续时间的确定,是指在采用写实记录法中任何一种方法进行测定时,对每个被测施工过程或同时测定两个以上施工过程所需的总延续时间的确定。

延续时间的确定,应立足于既不能消耗过多的观察时间,又能得到比较可靠和准确的结果。同时还必须注意:所测施工过程的广泛性和经济价值;已经达到的功效水平的稳定程度;同时测定不同类型施工过程的数目;被测定的工人人数以及测定完成产品的可能次数等。写实记录法所需的延续时间见表 2-2-21,必须同时满足表中三项要求,如其中任一项达不到最低要求,应酌情增加延续时间。

表 2-2-21　写实记录法确定延续时间表

序号	项目	同时测定施工过程的类型数	测定对象		
			单人的	集体的	
				2～3 人	4 人以上
1	被测定的个人或小组的最低数	任一数	3 人	3 个小组	2 个小组
2	测定总延续时间的最小值(小时)	1	16	12	8
		2	23	18	12
		3	28	21	24
3	测定完成产品的最低次数	1	4	4	4
		2	6	6	6
		3	7	7	7

(3)工作日写实法。工作日写实法是一种研究整个工作班内的各种工时消耗的方法。运用工作日写实法主要有两个目的,一是取得编制定额的基础资料;二是检查定额的执行情况,找出缺点,改进工作。当用于第一个目的时,工作日写实的结果要获得观察对象在工作班内工时消耗的全部情况,以及产品数量和影响工时消耗的影响因素。其中,工时消耗应该按工时消耗的性质分类记录。在这种情况下,通常需要测定 3～4 次。当用于第二个目的时,通过工作日写实应该做到:查明工时损失量和引起工时损失的原因,制订消除工时损失,改善劳动组织和工作地点组织的措施,查明熟练工人是否能发挥自己的专长,确定合理的小组编制和合理的小组分工;确定机器在时间利用和生产率方面的情况,找出使用不当的原因,订出改善机器使用情况的技术组织措施,计算工人或机器完成定额的实际百分比和可能百分比。在这种情况下,通常需要测定 1～3 次。

工作日写实法与测时法、写实记录法相比较,具有技术简便、应用面广和资料全面的优点,在我国是一种采用较广的编制定额的方法。

工作日写实法的缺点：由于有观察人员在场，即使在观察前做了充分准备，仍不免在工时利用上有一定的虚假性；工作日写实法的观察工作量较大，费时较多，费用亦高。

工作日写实法，利用写实记录表记录观察资料。记录时间时不需要将有效工作时间分为各个组成部分，只需划分适合于技术水平和不适合于技术水平两类。但是工时消耗还需按性质分类记录。

二、确定人工定额消耗量的基本方法

（一）确定工序作业时间

根据计时观察资料的分析和选择，我们可以获得各种产品的基本工作时间和辅助工作时间，将这两种时间合并称之为工序作业时间。它是产品主要的必需消耗的工作时间，是各种因素的集中反映，决定着整个产品的定额时间。

1. 基本工作时间

基本工作时间在必需消耗的工作时间中占的比重最大。在确定基本工作时间时，必须细致、精确。基本工作时间消耗一般应根据计时观察资料来确定。

其做法是，首先确定工作过程每一组成部分的工时消耗，然后再综合出工作过程的工时消耗。如果组成部分的产品计量单位和工作过程的产品计量单位不符，就需先求出不同计量单位的换算系数，进行产品计量单位的换算，然后再相加，求得工作过程的工时消耗。

（1）各组成部分与最终产品单位一致时的基本工作时间计算。此时，单位产品基本工作时间就是施工过程各个组成部分作业时间的总和，计算公式为：

$$T_1 = \sum_{i=1}^{n} t_i \qquad (2\text{-}2\text{-}17)$$

式中　T_1——单位产品基本工作时间；

　　t_i——各组成部分的基本工作时间；

　　n——各组成部分的个数。

（2）各组成部分单位与最终产品单位不一致时的基本工作时间计算。此时，各组成部分基本工作时间应分别乘以相应的换算系数。计算公式为：

$$T_1 = \sum_{i=1}^{n} k_i \times t_i \qquad (2\text{-}2\text{-}18)$$

式中　k_i——对应于 t_i 的换算系数。

2. 辅助工作时间

辅助工作时间的确定方法与基本工作时间相同。如果在计时观察时不能取得足够的资料，也可采用工时规范或经验数据来确定。如具有现行的工时规范，可以直接利用工时规范中规定的辅助工作时间的百分比来计算。

（二）确定规范时间

1. 确定准备与结束时间

准备与结束工作时间分为工作日和任务两种。任务的准备与结束时间通常不能集中在某一个工作日中，而要采取分摊计算的方法，分摊在单位产品的时间定额里。

如果在计时观察资料中不能取得足够的准备与结束时间的资料，也可根据工时规范或经验数据来确定。

2. 确定不可避免的中断时间

在确定不可避免中断时间的定额时,必须注意由工艺特点所引起的不可避免中断才可列入工作过程的时间定额。

不可避免中断时间也需要根据测时资料通过整理分析获得,也可以根据经验数据或工时规范,以占工作日的百分比表示此项工时消耗的时间定额。

3. 拟定休息时间

休息时间应根据工作班作息制度、经验资料、计时观察资料以及对工作的疲劳程度作全面分析来确定。同时,应考虑尽可能利用不可避免中断时间作为休息时间。

规范时间均可利用工时规范或经验数据确定,常用的参考数据见表 2-2-22。

表 2-2-22　准备与结束、休息、不可避免中断时间占工作班时间的百分率参考表

时间分类 / 工种	准备与结束时间占工作时间(%)	休息时间占工作时间(%)	不可避免中断时间占工作时间(%)
材料运输及材料加工	2	13～16	2
人力土方工程	3	13～16	2
架子工程	4	12～15	2
砖石工程	6	10～13	4
抹灰工程	6	10～13	3
手工木作工程	4	7～10	3
机械木作工程	3	4～7	3
模板工程	5	7～10	3
钢筋工程	4	7～10	4
现浇混凝土工程	6	10～13	3
预制混凝土工程	4	10～13	2
防水工程	5	25	3
油漆玻璃工程	3	4～7	2
钢制品制作及安装工程	4	4～7	2
机械土方工程	2	4～7	2
石方工程	4	13～16	2
机械打桩工程	6	10～13	3
构件运输及吊装工程	6	10～13	3
水暖电气工程	5	7～10	3

(三)拟定定额时间

确定的基本工作时间、辅助工作时间、准备与结束工作时间、不可避免中断时间与休息时间之和,就是劳动定额的时间定额。根据时间定额可计算出产量定额,时间定额和产量定额互成倒数。

利用工时规范,可以计算劳动定额的时间定额。计算公式如下:

$$工序作业时间＝基本工作时间＋辅助工作时间 \tag{2-2-19}$$

$$规范时间＝准备与结束工作时间＋不可避免的中断时间＋休息时间 \tag{2-2-20}$$

$$工序作业时间＝基本工作时间/[1－辅助时间(\%)] \tag{2-2-21}$$

$$定额时间＝\frac{工序作业时间}{1－规范时间} \tag{2-2-22}$$

三、确定材料定额消耗量的基本方法

（一）材料的分类

1.根据材料消耗的性质划分

施工中材料的消耗可分为必需消耗的材料和损失的材料两类性质。

必需消耗的材料,是指在合理用料的条件下,生产合格产品所需消耗的材料。它包括:直接用于建筑和安装工程的材料;不可避免的施工废料;不可避免的材料损耗。

必需消耗的材料属于施工正常消耗,是确定材料消耗定额的基本数据。其中:直接用于建筑和安装工程的材料,应编入材料净用量定额;不可避免的施工废料和材料损耗,应编入材料损耗定额。

2.根据材料消耗与工程实体的关系划分

根据材料消耗与工程实体的关系可分为实体材料和非实体材料两类。

（1）实体材料,是指直接构成工程实体的材料。它包括工程直接性材料和辅助材料。工程直接性材料主要是指一次性消耗、直接用于工程上构成建筑物或结构本体的材料,如钢筋混凝土柱中的钢筋、水泥、砂、碎石等;辅助性材料主要是指虽也是施工过程中所必需,却并不构成建筑物或结构本体的材料。如土石方爆破工程中所需的炸药、引信、雷管等。主要材料用量大,辅助材料用量少。

（2）非实体材料,是指在施工中必须使用但又不能构成工程实体的施工措施性材料。非实体材料主要是指周转性材料,如模板、脚手架等。

（二）确定材料消耗量的基本方法

（1）现场技术测定法。又称为观测法,是根据对材料消耗过程的测定与观察,通过完成产品数量和材料消耗量的计算,而确定各种材料消耗定额的一种方法。现场技术测定法主要适用于确定材料损耗量,因为该部分数值用统计法或其他方法较难得到。通过现场观察,还可以区别出哪些是可以避免的损耗,哪些是属于难于避免的损耗,明确定额中不应列入可以避免的损耗。

（2）实验室试验法。主要用于编制材料净用量定额。通过试验,能够对材料的结构、化学成分和物理性能以及按强度等级控制的混凝土、砂浆、沥青、油漆等配比做出科学的结论,给编制材料消耗定额提供出有技术根据的、比较精确的计算数据。但其缺点在于无法估计到施工现场某些因素对材料消耗量的影响。

（3）现场统计法。是以施工现场积累的分部分项工程使用材料数量、完成产品数量、完成工作原材料的剩余数量等统计资料为基础,经过整理分析,获得材料消耗的数据。这种方法由于不能分清材料消耗的性质,因而不能作为确定材料净用量定额和材料损耗定额的依据,只能作为编制定额的辅助性方法使用。

（4）理论计算法,是运用一定的数学公式计算材料消耗定额。

1）标准砖用量的计算。如每立方米砖墙的用砖数和砌筑砂浆的用量,可用下列理论计算

公式计算各自的净用量。

用砖数：

$$A=\frac{1}{墙厚×(砖长+灰缝)×(砖厚+灰缝)}×k \qquad (2\text{-}2\text{-}23)$$

式中　k——墙厚的砖数×2。

砂浆用量：

$$B=1-砖数×砖块体积 \qquad (2\text{-}2\text{-}24)$$

材料的损耗一般以损耗率表示,材料损耗率可以通过观察法或统计法确定。材料损耗率及材料损耗量的计算通常采用以下公式：

$$损耗率=\frac{损耗量}{净用量}×100\% \qquad (2\text{-}2\text{-}25)$$

$$总损耗量=净用量+损耗量=净用量×(1+损耗率) \qquad (2\text{-}2\text{-}26)$$

2)块料面层的材料用量计算。每100 m² 面层块料数量、灰缝及结合层材料用量公式如下：

$$100\ m² 块料净用量=\frac{100}{(块料长+灰缝宽)×(块料宽+灰缝宽)}（块） \qquad (2\text{-}2\text{-}27)$$

$$100\ m² 灰缝材料净用量=[100-(块料长×块料宽×100m² 块料用量)]×灰缝深$$

$$(2\text{-}2\text{-}28)$$

$$结合层材料用量=100×结合层厚度 \qquad (2\text{-}2\text{-}29)$$

四、确定机械台班定额消耗量的基本方法

(一)确定机械1 h纯工作正常生产率

机械纯工作时间,就是指机械的必需消耗时间。机械1 h纯工作正常生产率,就是在正常施工组织条件下,具有必需的知识和技能的技术工人操纵机械1 h的生产率。

根据机械工作特点的不同,机械1 h纯工作正常生产率的确定方法也有所不同。

(1)对于循环动作机械,确定机械纯工作1 h正常生产率的计算公式如下：

$$机械一次循环的正常延续时间=\sum\left(\begin{matrix}循环各组成部分\\正常延续时间\end{matrix}\right)-交叠时间 \qquad (2\text{-}2\text{-}30)$$

$$机械纯工作1 h循环次数=\frac{60×60(s)}{一次循环的正常延续时间} \qquad (2\text{-}2\text{-}31)$$

$$\begin{matrix}机械1 h\\纯工作正常生产率\end{matrix}=\begin{matrix}机械纯工作1 h\\正常循环次数\end{matrix}×\begin{matrix}一次循环生产\\的产品数量\end{matrix} \qquad (2\text{-}2\text{-}32)$$

(2)对于连续动作机械,确定机械纯工作1 h正常生产率要根据机械的类型和结构特征以及工作过程的特点来进行。计算公式如下：

$$连续动作机械1 h纯工作正常生产率=\frac{工作时间内生产的产品数量}{工作时间(h)} \qquad (2\text{-}2\text{-}33)$$

工作时间内的产品数量和工作时间的消耗,要通过多次现场观察和机械说明书来取得数据。

(二)确定施工机械的正常利用系数

确定施工机械的正常利用系数,是指机械在工作班内对工作时间的利用率。机械的利用系数和机械在工作班内的工作状况有着密切的关系。所以,要确定机械的正常利用系数,首先

要拟定机械工作班的正常工作状况,保证合理利用工时。机械正常利用系数的计算公式如下:

$$机械正常利用系数 = \frac{机械在一个工作班内纯工作时间}{一个工作班延续时间(8\ h)} \quad (2\text{-}2\text{-}34)$$

(三)计算施工机械台班定额

计算施工机械定额是编制机械定额工作的最后一步。在确定了机械工作正常条件、机械 1 h 纯工作正常生产率和机械正常利用系数之后,采用下列公式计算施工机械的产量定额:

$$\begin{array}{l}施工机械台班\\定量定额\end{array} = \begin{array}{l}机械1\ h纯工作\\正常循环次数\end{array} \times \begin{array}{l}工作班纯\\工作时间\end{array} \quad (2\text{-}2\text{-}35)$$

或

$$\begin{array}{l}施工机械台班\\产量定额\end{array} = \begin{array}{l}机械1\ h纯工作\\正常生产率\end{array} \times \begin{array}{l}工作班\\延续时间\end{array} \times \begin{array}{l}机械正常\\利用系数\end{array} \quad (2\text{-}2\text{-}36)$$

$$施工机械时间定额 = \frac{1}{机械台班产量定额指标} \quad (2\text{-}2\text{-}37)$$

第四节　建筑安装工程人工、材料及机械台班单价

一、人工单价的组成和确定方法

(一)人工单价及其组成内容

人工单价是指一个建筑安装生产工人一个工作日在计价时应计入的全部人工费用。它基本上反映了建筑安装生产工人的工资水平和一个工人在一个工作日中可以得到的报酬。

合理确定人工工日单价是正确计算人工费和工程造价的前提和基础。按照现行规定,生产工人的人工工日单价组成如下:

(1)基本工资。包括岗位工资、技能工资、工龄工资。

(2)工资性补贴。包括物价补贴、煤、燃气补贴、交通补贴、住房补贴、流动施工津贴、地区津贴。

(3)辅助工资。指非作业工日发放的工资和工资性补贴。

(4)职工福利费。包括书报费、洗理费、取暖费。

(5)劳动保护费。包括劳保用品购置及修理费、徒工服装补贴、防暑降温费、保健费用。

(二)人工单价确定的依据和方法

1.基本工资

基本工资是按岗位工资、技能工资和工龄工资(按职工工作年限确定的工资)计算的。

岗位工资是根据劳动岗位的劳动责任轻重、劳动强度大小和劳动条件好差,兼顾劳动技能要求的高低确定的。工人岗位工资标准设 8 个岗次。技能工资是根据不同岗位、职位、职务对劳动技能的要求,同时兼顾职工所具备的劳动技能水平而确定的工资。技术工人技能工资分初级工、中级工、高级工、技师和高级技师五类工资标准分 26 档。

$$基本工资(G_1) = \frac{生产工人平均工资}{年平均每月法定工作日} \quad (2\text{-}2\text{-}38)$$

其中,年平均每月法定工作日＝(全年日历日－法定假日)/12,法定假日指双休日和法定节日。

2. 工资性补贴

工资性补贴是指按规定标准发放的物价补贴，煤、燃气补贴，交通费补贴、住房补贴，流动施工津贴及地区津贴等。

$$工资性补贴(G_2)=\frac{\sum 年发放标准}{全年日历-法定假日}+\frac{\sum 月发放标准}{年平均每月法定工作日}+每工作日发放标准$$

$$(2-2-39)$$

3. 辅助工资

辅助工资是指生产工人年有效施工天数以外无效工作日的工资，包括职工学习、培训期间的工资，调动工作、探亲、休假期间的工资，因气候影响的停工工资，女工哺乳时间的工资，病假在 6 个月以内的工资及产、婚、丧假期的工资。

$$生产工人辅助工资(G_3)=\frac{全年无效工作日\times(G_1+G_2)}{全年日历日-法定假日}\qquad(2-2-40)$$

4. 职工福利费

职工福利费是指按规定标准计提的职工福利费。

$$职工福利费(G_4)=(G_1+G_2+G_3)\times 福利费计提比例(\%)\qquad(2-2-41)$$

5. 劳动保护费

劳动保护费是指按规定标准对生产工人发放的劳动保护用品等的购置费及修理费，徒工服装补贴，防暑降温费，在有碍身体健康环境中的施工保健费用等。

$$生产工人劳动保护费(G_5)=\frac{生产工人年平均支出劳动保护费}{全年日历日-法定假日}\qquad(2-2-42)$$

（三）影响人工单价的因素

影响建筑安装工人人工单价的因素见表 2-2-23。

表 2-2-23　影响建筑安装工人人工单价的因素

影响因素	内　容
社会平均工资水平	建筑安装工人人工单价必然和社会平均工资水平趋同。社会平均工资水平取决于经济发展水平。由于经济的增长，社会平均工资也会增长，从而影响人工单价的提高
生活消费指数	生活消费指数的提高会影响人工单价的提高，以减少生活水平的下降，或维持原来的生活水平。生活消费指数的变动决定于物价的变动，尤其决定于生活消费品物价的变动
人工单价的组成内容	如住房消费、养老保险、医疗保险、失业保险等列入人工单价，会使人工单价提高
劳动力市场供需变化	劳动力市场如果需求大于供给，人工单价就会提高；供给大于需求，市场竞争激烈，人工单价就会下降
政府政策	政府推行的社会保障和福利政策也会影响人工单价的变动

二、材料单价的组成和确定方法

（一）材料单价的构成和分类

1. 材料单价的构成

材料单价是指材料（包括构件、成品及半成品等）从其来源地（或交货地点、供应者仓库提货地点)到达施工工地仓库(施工地点内存放材料的地点)后出库的综合平均单价。材料单价一般由材料原价(或供应价格)、材料运杂费、运输损耗费、采购及保管费组成。此外在计价时,材料费中还应包括单独列项计算的检验试验费。

$$材料费 = \sum(材料消耗量 \times 材料单价) + 检验试验费 \quad (2\text{-}2\text{-}43)$$

2. 材料单价分类

材料单价按适用范围划分,有地区材料单价和某项工程使用的材料单价。地区材料单价是按地区(城市或建设区域)编制,供该地区所有工程使用;某项工程(一般指大中型重点工程)使用的材料单价,是以一个工程为编制对象,专供该工程项目使用。

地区材料单价与某项工程使用的材料单价的编制原理和方法是一致的,只是在材料来源地、运输数量权数等具体数据上有所不同。

(二)材料单价的编制依据和确定方法

1. 材料原价(或供应价格)

材料原价是指国内采购材料的出厂价格,国外采购材料抵达买方边境、港口或车站并交纳完各种手续费、税费后形成的价格。在确定原价时,凡同一种材料因来源地、交货地、供货单位、生产厂家不同,而有几种价格(原价)时,根据不同来源地供货数量比例,采取加权平均的方法确定其综合原价。计算公式如下:

$$加权平均原价 = \frac{K_1C_1 + K_2C_2 + \cdots + K_nC_n}{K_1 + K_2 + \cdots + K_n} \quad (2\text{-}2\text{-}44)$$

式中　$K_1, K_2, \cdots, K_n$——各不同供应地点的供应量或各不同使用地点的需要量;

　　　$C_1, C_2, \cdots, C_n$——各不同供应地点的原价。

2. 材料运杂费

材料运杂费是指国内采购材料自来源地、国外采购材料自到岸港运至工地仓库或指定堆放地点发生的费用。含外埠中转运输过程中所发生的一切费用和过境过桥费用(包括调车和驳船费、装卸费、运输费及附加工作费等)。

同一品种的材料有若干个来源地,应采用加权平均的方法计算材料运杂费。计算公式如下:

$$加权平均运杂费 = \frac{K_1T_1 + K_2T_2 + \cdots + K_nT_n}{K_1 + K_2 + \cdots + K_n} \quad (2\text{-}2\text{-}45)$$

式中　$K_1, K_2, \cdots, K_n$——各不同供应点的供应量或各不同使用地点的需求量;

　　　$T_1, T_2, \cdots, T_n$——各不同运距的运费。

3. 运输损耗

在材料的运输中应考虑一定的场外运输损耗费用。这是指材料在运输装卸过程中不可避免的损耗。运输损耗的计算公式如下:

$$运输损耗 = (材料原价 + 运杂费) \times 相应材料损耗率 \quad (2\text{-}2\text{-}46)$$

4. 采购及保管费

采购及保管费是指组织材料采购、检验、供应和保管过程中发生的费用,包含:采购费、仓储费、工地管理费和仓储损耗。

采购及保管费一般按照材料到库价格以费率取定。材料采购及保管费计算公式如下:

$$采购及保管费 = 材料运到工地仓库价格 \times 采购及保管费率(\%) \quad (2\text{-}2\text{-}47)$$

或

采购及保管费＝（材料原价＋运杂费＋运输损耗费）×采购及保管费率（％）(2-2-48)

综上所述，材料单价的一般计算公式为：

$$材料单价＝\{（供应价格＋运杂费）×[1＋运输损耗率（\%）]\}×[1＋采购及保管费率（\%）]　(2-2-49)$$

（三）影响材料单价变动的因素

影响材料单价变动的因素有以下几点：

（1）市场供需变化。材料原价是材料单价中最基本的组成，市场供大于求价格就会下降；反之，价格就会上升。从而也就会影响材料单价的涨落。

（2）材料生产成本的变动直接影响材料单价的波动。

（3）流通环节的多少和材料供应体制也会影响材料单价。

（4）运输距离和运输方法的改变会影响材料运输费用的增减，从而也会影响材料单价。

（5）国际市场行情会对进口材料单价产生影响。

三、施工机械台班单价的组成和确定方法

施工机械使用费是根据施工中耗用的机械台班数量和机械台班单价确定的。施工机械台班耗用量按有关定额规定计算；施工机械台班单价是指一台施工机械，在正常运转条件下一个工作班中所发生的全部费用，每台班按 8 小时工作制计算。正确制定施工机械台班单价是合理确定和控制工程造价的重要方面。

施工机械台班单价由七项费用组成，包括折旧费、大修理费、经常修理费、安拆费及场外运费、人工费、燃料动力费、其他费用等。

（一）折旧费的组成及确定

折旧费是指施工机械在规定使用期限内，陆续收回其原值及购置资金的时间价值。计算公式如下：

$$台班折旧费＝\frac{机械预算价格×（1－残值率）×时间价值系数}{耐用总台班}　(2-2-50)$$

1.机械预算价格

（1）国产机械预算价格按照机械原值、供销部门手续费和一次运杂费以及车辆购置税之和计算。

1）机械原值。国产机械原值应按下列途径询价、采集：

①编制期施工企业已购进施工机械的成交价格。

②编制期国内施工机械展销会发布的参考价格。

③编制期施工机械生产厂、经销商的销售价格。

2）供销部门手续费和一次运杂费可按机械原值的 5％计算。

3）车辆购置税的计算。车辆购置税应按下列公式计算：

$$车辆购置税＝计税价格×车辆购置税率（\%）　(2-2-51)$$

其中，计税价格＝机械原值＋供销部门手续费和一次运杂费－增值税

车辆购置税应执行编制期间国家有关规定。

（2）进口机械的预算价格按照机械原值、关税、增值税、消费税、外贸手续费和国内运杂费、财务费、车辆购置税之和计算。

1)进口机械的机械原值按其到岸价格取定。

2)关税、增值税、消费税及财务费应执行编制期国家有关规定,并参照实际发生的费用计算。

3)外贸部门手续费和国内一次运杂费应按到岸价格的6.5%计算。

4)车辆购置税的计税价格是到岸价格、关税和消费税之和。

2.残值率

残值率是指机械报废时回收的残值占机械原值的百分比(运输机械2%,掘进机械5%,特大型机械3%,中小型机械4%)。

3.时间价值系数

时间价值系数指购置施工机械的资金在施工生产过程中随着时间的推移而产生的单位增值。其计算公式如下:

$$时间价值系数=1+\frac{(折旧年限+1)}{2}\times 年折现率(\%) \tag{2-2-52}$$

其中,年折现率应按编制期银行年贷款利率确定。

4.耐用总台班

耐用总台班指施工机械从开始投入使用至报废前使用的总台班数,应按施工机械的技术指标及寿命期等相关参数确定。

机械耐用总台班的计算公式为:

$$耐用总台班=折旧年限\times 年工作台班=大修理间隔台班\times 大修理周期 \tag{2-2-53}$$

大修理次数的计算公式为:

$$大修理次数=耐用总台班\div 大修理间隔台班-1=大修理周期-1 \tag{2-2-54}$$

年工作台班是根据有关部门对各类主要机械最近3年的统计资料分析确定。

大修理间隔台班是指机械自投入使用起至第一次大修理止或自上一次大修理后投入使用起至下一次大修理止,应达到的使用台班数。

大修理周期是指机械正常的施工作业条件下,将其寿命期(即耐用总台班)按规定的大修理次数划分为若干个周期。其计算公式为:

$$大修理周期=寿命期大修理次数+1 \tag{2-2-55}$$

(二)大修理费的组成及确定

大修理费是指机械设备按规定的大修理间隔台班进行必要的大修理,以恢复机械正常功能所需的费用。台班大修理费是机械使用期限内全部大修理费之和在台班费用中的分摊额,取决于一次大修理费用、大修理次数和耐用总台班的数量。其计算公式为:

$$台班大修理费=\frac{一次大修理费\times 寿命期内大修理次数}{耐用总台班} \tag{2-2-56}$$

一次大修理费指施工机械一次大修理发生的工时费、配件费、辅料费、油燃料费及送修运杂费。

一次大修理费应以《全国统一施工机械保养修理技术经济定额》为基础,结合编制期市场价格综合确定。

寿命期大修理次数指施工机械在其寿命期(耐用总台班)内规定的大修理次数,应参照《全国统一施工机械保养修理技术经济定额》确定。

(三)经常修理费的组成及确定

经常修理费指施工机械除大修理以外的各级保养和临时故障排除所需的费用(包括为保障机械正常运转所需替换与随机配备工具附具的摊销和维护费用,机械运转及日常保养所需润滑与擦拭的材料费用及机械停滞期间的维护和保养费用等)。各项费用分摊到台班中,即为台班经常修理费。其计算公式为:

$$台班经常修理费=\frac{\sum(各级保养一次费用×寿命期各级保养总次数)+临时故障排除费+}{耐用总台班}$$

$$替换设备和工具附具台班摊销费+例保辅料费 \qquad (2\text{-}2\text{-}57)$$

当台班经常修理费计算公式中各项数值难以确定时,也可按下式计算:

$$台班经常修理费=台班大修理费×K \qquad (2\text{-}2\text{-}58)$$

式中　K——台班经常修理费系数。

各级保养一次费用指机械在各个使用周期内为保证机械处于完好状况,必须按规定的各级保养间隔周期、保养范围和内容进行的一、二、三级保养或定期保养所消耗的工时、配件、辅料、油燃料等费用。应以《全国统一施工机械保养修理技术经济定额》为基础,结合编制期市场价格综合确定。

寿命期各级保养总次数指一、二、三级保养或定期保养在寿命期内各个使用周期中保养次数之和,应按照《全国统一施工机械保养修理技术经济定额》确定。

临时故障排除费指机械除规定的大修理及各级保养以外,临时故障所需费用以及机械在工作日以外的保养维护所需润滑擦拭材料费,可按各级保养(不包括例保辅料费)费用之和的3%计算。

替换设备及工具附具台班摊销费指轮胎、电缆、蓄电池、运输皮带、钢丝绳、胶皮管、履带板等消耗性设备和按规定随机配备的全套工具附具的台班摊销费用。

例保辅料费指机械日常保养所需润滑擦拭材料的费用。

替换设备及工具附具台班摊销费、例保辅料费的计算应以《全国统一施工机械保养修理技术经济定额》为基础,结合编制期市场价格综合确定。

(四)安拆费及场外运费的组成和确定

安拆费指施工机械在现场进行安装与拆卸所需的人工、材料、机械和试运转费用以及机械辅助设施的折旧、搭设、拆除等费用;场外运费指施工机械整体或分体自停放地点运至施工现场或由一施工地点运至另一施工地点的运输、装卸、辅助材料及架线等费用。

安拆费及场外运费根据施工机械不同分为计入台班单价、单独计算和不计算三种类型。

(1)工地间移动较为频繁的小型机械及部分中型机械,其安拆费及场外运费应计入台班单价。台班安拆费及场外运费应按下列公式计算:

$$台班安拆费及场外运费=\frac{一次安拆费及场外运费×年平均安拆次数}{年工作台班} \qquad (2\text{-}2\text{-}59)$$

一次安拆费应包括施工现场机械安装和拆卸一次所需的人工费、材料费、机械费及试运转费。

一次场外运费应包括运输、装卸、辅助材料和架线等费用。

年平均安拆次数应以《全国统一施工机械保养修理技术经济定额》为基础,由各地区(部门)结合具体情况确定。运输距离均应按25 km计算。

(2)移动有一定难度的特大型(包括少数中型)机械,其安拆费及场外运费应单独计算。

单独计算的安拆费及场外运费除应计算安拆费、场外运费外,还应计算辅助设施(包括基础、底座、固定锚桩、行走轨道枕木等)的折旧、搭设和拆除等费用。

(3)不需安装、拆卸且自身又能开行的机械和固定在车间不需安装、拆卸及运输的机械,其安拆费及场外运费不计算。

(4)自升式塔式起重机安装、拆卸费用的超高起点及其增加费,各地区(部门)可根据具体情况确定。

(五)人工费的组成及确定

人工费指机上司机(司炉)和其他操作人员的工作日人工费及上述人员在施工机械规定的年工作台班以外的人工费。按下列公式计算:

$$台班人工费 = 人工消耗量 \times \left(1 + \frac{年制度工作日 - 年工作台班}{年工作台班}\right) \times 人工日工资单价$$

$$(2\text{-}2\text{-}60)$$

人工消耗量指机上司机(司炉)和其他操作人员工日消耗量。

年制度工作日应执行编制期国家有关规定。

人工日工资单价应执行编制期工程造价管理部门的有关规定。

(六)燃料动力费的组成和确定

燃料动力费是指施工机械在运转作业中所耗用的固体燃料(煤、木柴)、液体燃料(汽油、柴油)及水、电等费用。计算公式如下:

$$台班燃料动力费 = 台班燃料动力消耗量 \times 相应单价 \qquad (2\text{-}2\text{-}61)$$

燃料动力消耗量应根据施工机械技术指标及实测资料综合确定。可采用下列公式:

$$台班燃料动力消耗量 = (实测数 \times 4 + 定额平均值 + 调查平均值) \div 6 \qquad (2\text{-}2\text{-}62)$$

燃料动力单价应执行编制期工程造价管理部门的有关规定。

(七)其他费用的组成和确定

其他费用是指按照国家和有关部门规定应交纳的养路费、车船使用税、保险费及年检费用等。其计算公式为:

$$台班其他费用 = \frac{年养路费 + 年车船使用税 + 年保险费 + 年检费用}{年工作台班} \qquad (2\text{-}2\text{-}63)$$

年养路费、年车船使用税、年检费用应执行编制期有关部门的规定。

年保险费执行编制期有关部门强制性保险的规定,非强制性保险不应计算在内。

第五节　预算定额及其基价编制

一、预算定额的概念与用途

1.预算定额的概念

预算定额是在正常的施工条件下,完成一定计量单位合格分项工程和结构构件所需消耗的人工、材料、机械台班数量其相应费用标准。

2.预算定额的用途和作用

预算定额是工程建设中的一项重要的技术经济文件,是编制施工图预算的主要依据,是确定和控制工程造价的基础。其用途和作用见表 2-2-24。

表 2-2-24 预算定额的用途和作用

用 途	作 用
预算定额是编制施工图预算、确定建筑安装工程造价的基础	施工图设计一经确定,工程预算造价就取决于预算定额水平和人工、材料及机械台班的价格。预算定额起着控制劳动消耗、材料消耗和机械台班使用的作用,进而起着控制建筑产品价格的作用
预算定额是编制施工组织设计的依据	施工组织设计的重要任务之一是确定施工中所需人力、物力的供求量,并做出最佳安排。施工单位在缺乏本企业的施工定额的情况下,根据预算定额,亦能够比较精确地计算出施工中各项资源的需要量,为有计划地组织材料采购和预制件加工、劳动力和施工机械的调配,提供了可靠的计算依据
预算定额是工程结算的依据	工程结算是建设单位和施工单位按照工程进度对已完成的分部分项工程实现货币支付的行为。按进度支付工程款,需要根据预算定额将已完分项工程的造价算出。单位工程验收后,再按竣工工程量、预算定额和施工合同规定进行结算,以保证建设单位建设资金的合理使用和施工单位的经济收入
预算定额是施工单位进行经济活动分析的依据	预算定额规定的物化劳动和劳动消耗指标,是施工单位在生产经营中允许消耗的最高标准。施工单位必须以预算定额作为评价企业工作的重要标准,作为努力实现的目标。施工单位可根据预算定额对施工中的劳动、材料、机械的消耗情况进行具体的分析,以便找出并克服低功效、高消耗的薄弱环节,提高竞争能力。只有在施工中尽量降低劳动消耗,采用新技术、提高劳动者素质,提高劳动生产率,才能取得较好的经济效益
预算定额是编制概算定额的基础	概算定额是在预算定额基础上综合扩大编制的。利用预算定额作为编制依据,不但可以节省编制工作的大量人力、物力和时间,收到事半功倍的效果,还可以使概算定额在水平上与预算定额保持一致,以免造成执行中的不一致
预算定额是合理编制招标控制价、投标报价的基础	在深化改革中,预算定额的指令性作用将日益削弱,而施工单位按照工程个别成本报价的指导性作用仍然存在,因此预算定额作为编制招标控制价的依据和施工企业报价的基础性作用仍将存在,这也是由于预算定额本身的科学性和指导性决定的

二、预算定额的编制原则、依据和步骤

1. 预算定额的编制原则

为保证预算定额的质量,充分发挥预算定额的作用,使实际使用简便,在编制工作中应遵循以下原则:

(1)按社会平均水平确定预算定额的原则。预算定额是确定和控制建筑安装工程造价的主要依据。因此,它必须遵照价值规律的客观要求,即按生产过程中所消耗的社会必要劳动时间确定定额水平。所以预算定额的平均水平,是在正常的施工条件下,合理的施工组织和工艺

条件、平均劳动熟练程度和劳动强度下,完成单位分项工程基本构造价要的劳动时间。

(2)简明适用的原则。

1)在编制预算定额时,对于那些主要的、常用的、价值量大的项目,分项工程划分宜细;次要的、不常用的、价值量相对较小得项目则可以粗一些。

2)预算定额要项目齐全。要注意补充那些因采用新技术、新结构、新材料而出现的新的定额项目。如果项目不全,缺项多,就会使计价工作缺少充足的、可靠的依据。

3)要求合理确定预算定额的计算单位,简化工程量的计算,尽可能地避免同一种材料用不同的计量单位和一量多用,尽量减少定额附注和换算系数。

2.预算定额的编制依据

(1)现行劳动定额和施工定额。预算定额是在现行劳动定额和施工定额的基础上编制的。预算定额中人工、材料、机械台班消耗水平,需要根据劳动定额或施工定额取定;预算定额的计量单位的选择,也要以施工定额为参考,从而保证两者的协调和可比性,减轻预算定额的编制工作量,缩短编制时间。

(2)现行设计规范、施工及验收规范,质量评定标准和安全操作规程。

(3)具有代表性的典型工程施工图及有关标准图。对这些图纸进行仔细分析研究,并计算出工程数量,作为编制定额时选择施工方法确定定额含量的依据。

(4)新技术、新结构、新材料和先进的施工方法等。这类资料是调整定额水平和增加新的定额项目所必需的依据。

(5)有关科学实验、技术测定和统计、经验资料。这类资料是确定定额水平的重要依据。

(6)现行的预算定额、材料预算价格及有关文件规定等。包括过去定额编制过程中积累的基础资料,也是编制预算定额的依据和参考。

3.预算定额的编制步骤及要求

预算定额的编制,大致可以分为准备工作、收集资料、编制定额、报批和修改定稿五个阶段。各阶段工作相互有交叉,有些工作还有多次重复。

预算定额编制阶段的主要工作如下:

(1)确定编制细则。主要包括:统一编制表格及编制方法;统一计算口径、计量单位和小数点位数的要求;有关统一性规定,名称统一,用字统一,专业用语统一,符号代码统一,简化字要规范,文字要简练明确。

预算定额与施工定额计量单位往往不同。施工定额的计量单位一般按照工序或施工过程确定;而预算定额的计量单位主要是根据分部分项工程和结构构件的形体特征及其变化确定。由于工作内容综合,预算定额的计量单位亦具有综合的性质。工程量计算规则的规定应确切反映定额项目所包含的工作内容。预算定额的计量单位关系到预算工作的繁简和准确性。因此,要正确地确定各分部分项工程的计量单位。一般依据建筑结构构件形状的特点确定。

(2)确定定额的项目划分和工程量计算规则。计算工程数量,是为了通过计算出典型设计图纸所包括的施工过程的工程量,以便在编制预算定额时,有可能利用施工定额的人工、材料和机械台班消耗指标确定预算定额所含工序的消耗量。

(3)定额人工、材料、机械台班耗用量的计算、复核和测算。

三、预算定额消耗量的编制方法

确定预算定额人工、材料、机械台班消耗指标时,必须先按施工定额的分项逐项计算出消耗指标,然后按预算定额的项目加以综合。预算定额的项目综合不是简单地合并和相加,而需要在综合过程中增加两种定额之间的适当的水平差。预算定额的水平,首先取决于这些消耗量的合理确定。

人工、材料和机械台班消耗量指标,应根据定额编制原则和要求,采用理论与实际相结合、图纸计算与施工现场测算相结合、编制人员与现场工作人员相结合等方法进行计算和确定,使定额既符合政策要求,又与客观情况一致,便于贯彻执行。

1. 预算定额中人工工日消耗量的计算

人工的工日数可以有两种确定方法:一种是以劳动定额为基础确定;另一种是以现场观察测定资料为基础计算,主要用于遇到劳动定额缺项时,采用现场工作日写实等测时方法测定和计算定额的人工耗用量。

预算定额中人工工日消耗量是指在正常施工条件下,生产单位合格产品所必需消耗的人工工日数量,是由分项工程所综合的各个工序劳动定额包括的基本用工、其他用工两部分组成的。

(1)基本用工。基本用工指完成一定计量单位的分项工程或结构构件的各项工作过程的施工任务所必需消耗的技术工种用工。按技术工种相应劳动定额工时定额计算,以不同工种列出定额工日。基本用工包括:

1)完成定额计量单位的主要用工。按综合取定的工程量和相应劳动定额进行计算。计算公式如下:

$$基本用工 = \sum(综合取定的工程量 \times 劳动定额) \tag{2-2-64}$$

例如工程实际中的砖基础,有1砖厚、1砖半厚、2砖厚等之分,用工各不相同,在预算定额中由于不区分厚度,需要按照统计的比例,加权平均得出综合的人工消耗。

2)按劳动定额规定应增(减)计算的用工量。例如在砖墙项目中,分项工程的工作内容包括了附墙烟囱孔、垃圾道、壁橱等零星组合部分的内容,其人工消耗量相应增加附加人工消耗。由于预算定额是在施工定额子目的基础上综合扩大的,包括的工作内容较多,施工的工效视具体部位而不一样,所以需要另外增加人工消耗,而这种人工消耗也可以列入基本用工内。

(2)其他用工。其他用工是辅助基本用工消耗的工日,包括超运距用工、辅助用工和人工幅度差用工。

1)超运距用工。超运距是指劳动定额中已包括的材料、半成品场内水平搬运距离与预算定额所考虑的现场材料、半成品堆放地点到操作地点的水平运输距离之差。计算公式如下:

$$超运距 = 预算定额取定运距 - 劳动定额已包括的运距 \tag{2-2-65}$$

$$超运距用工 = \sum(超运距材料数量 \times 时间定额) \tag{2-2-66}$$

需要指出,实际工程现场运距超过预算定额取定运距时,可另行计算现场二次搬运费。

2)辅助用工。指技术工种劳动定额内不包括而在预算定额内又必须考虑的用工。例如机械土方工程配合用工、材料加工(筛砂、洗石、淋化石膏)、电焊点火用工等。计算公式如下:

$$辅助用工 = \sum(材料加工数量 \times 相应的加工劳动定额) \tag{2-2-67}$$

3)人工幅度差用工。即预算定额与劳动定额的差额,主要是指在劳动定额中未包括而在正常施工情况下不可避免但又很难准确计量的用工和各种工时损失。

其内容包括以下几点:

①各工种间的工序搭接及交叉作业相互配合或影响所发生的停歇用工。

②施工机械在单位工程之间转移及临时水电线路移动所造成的停工。

③质量检查和隐蔽工程验收工作的影响。

④班组操作地点转移用工。

⑤工序交接时对前一工序不可避免的修整用工。

⑥施工中不可避免的其他零星用工。

人工幅度差计算公式如下：

$$人工幅度差用工=（基本用工＋辅助用工＋超运距用工）×人工幅度差系数 \quad (2\text{-}2\text{-}68)$$

人工幅度差系数一般为 10％～15％。在预算定额中,人工幅度差的用工量列入其他用工量中。

2.预算定额中材料消耗量的计算

材料消耗量计算方法主要有：

(1)凡有标准规格的材料,按规范要求计算定额计量单位的耗用量。

(2)凡设计图纸标注尺寸及下料要求的按设计图纸尺寸计算材料净用量。

(3)换算法。各种胶结、涂料等材料的配合比用料,可以根据要求条件换算,得出材料用量。

(4)测定法。包括实验室试验法和现场观察法。指各种强度等级的混凝土及砌筑砂浆配合比的耗用原材料数量的计算,须按照规范要求试配,经过试压合格以后并经过必要的调整后得出的水泥、砂子、石子、水的用量。对新材料、新结构又不能用其他方法计算定额消耗用量时,须用现场测定方法来确定,根据不同条件可以采用写实记录法和观察法,得出定额的消耗量。

材料损耗量,指在正常条件下不可避免的材料损耗,如现场内材料运输及施工操作过程中的损耗等。其关系式如下：

$$材料损耗率=损耗量/净用量×100\% \quad (2\text{-}2\text{-}69)$$

$$材料损耗量=材料净用量×损耗率(\%) \quad (2\text{-}2\text{-}70)$$

$$材料消耗量=材料净用量＋损耗量 \quad (2\text{-}2\text{-}71)$$

或

$$材料消耗量=材料净用量×[1＋损耗率(\%)] \quad (2\text{-}2\text{-}72)$$

3.预算定额中机械台班消耗量的计算

预算定额中的机械台班消耗量是指在正常施工条件下,生产单位合格产品(分部分项工程或结构构件)必须消耗的某种型号施工机械的台班数量。

根据施工定额确定机械台班消耗量的计算。这种方法是指用施工定额中机械台班产量加机械幅度差计算预算定额的机械台班消耗量。

机械台班幅度差是指在施工定额中所规定的范围内没有包括,而在实际施工中又不可避免产生的影响机械或使机械停歇的时间。

其内容包括以下几点：

1)施工机械转移工作面及配套机械相互影响损失的时间。

2)在正常施工条件下,机械在施工中不可避免的工序间歇。

3)工程开工或收尾时工作量不饱满所损失的时间。

4)检查工程质量影响机械操作的时间。

5)临时停机、停电影响机械操作的时间。

6）机械维修引起的停歇时间。

大型机械幅度差系数为：土方机械 25％，打桩机械 33％，吊装机械 30％。砂浆、混凝土搅拌机由于按小组配用，以小组产量计算机械台班产量，不另增加机械幅度差。其他分部工程中如钢筋加工、木材、水磨石等各项专用机械的幅度差为 10％。

综上所述，预算定额的机械台班消耗量按下式计算：

$$\text{预算定额机械耗用台班} = \text{施工定额机械耗用台班} \times (1 + \text{机械幅度差系数}) \tag{2-2-73}$$

四、预算定额基价编制

预算定额基价就是预算定额分项工程或结构构件的单价，包括人工费、材料费和机械台班使用费，也称工料单价或直接工程费单价。

预算定额基价一般通过编制单位估价表、地区单位估价表及设备安装价目表所确定的单价，用于编制施工图预算。在预算定额中列出的"预算价值"或"基价"，应视作该定额编制时的工程单价。

预算定额基价的编制方法，简单说就是工、料、机的消耗量和工、料、机单价的结合过程。其中，人工费是由预算定额中每一分项工程用工数，乘以地区人工工日单价计算算出；材料费是由预算定额中每一分项工程的各种材料消耗量，乘以地区相应材料预算价格之和算出；机械费是由预算定额中每一分项工程的各种机械台班消耗量，乘以地区相应施工机械台班预算价格之和算出。

分项工程预算定额基价的计算公式：

$$\text{分项工程预算定额基价} = \text{人工费} + \text{材料费} + \text{机械使用费} \tag{2-2-74}$$

$$\text{人工费} = \sum (\text{现行预算定额中人工工日用量} \times \text{人工日工资单价}) \tag{2-2-75}$$

$$\text{材料费} = \sum (\text{现行预算定额中各种材料耗用量} \times \text{相应材料单价}) \tag{2-2-76}$$

$$\text{机械使用费} = \sum (\text{现行预算定额中机械台班用量} \times \text{机械台班单价}) \tag{2-2-77}$$

预算定额基价是根据现行定额和当地的价格水平编制的，具有相对的稳定性。但是为了适应市场价格的变动，在编制预算时，必须根据工程造价管理部门发布的调价文件对固定的工程预算单价进行修正。修正后的工程单价乘以根据图纸计算出来的工程量，就可以获得符合实际市场情况的工程的直接工程费。

第三部分　综合计算实例

综合实例一

某道路绿化带,如下图所示,共栽植旱柳75株(胸径9～10 cm),广玉兰38株(胸径7～8 cm)。

种植示意图

1—旱柳;2—广玉兰;3—旱熟禾

【解】:

1.工程量清单

旱柳75株(胸径9～10 cm),广玉兰38株(胸径7～8 cm),共113株

2.定额工程量

定额工程量同工程量清单,旱柳75株(胸径9～10 cm),广玉兰38株(胸径7～8 cm),共113株

根据种植示意图计算可知:

(1)旱柳(胸径9～10 cm)75株

1)普坚土种植,胸径10 cm以内

①人工费:14.37×75=1 077.75元

②材料费:5.99×75=449.25元

③机械费:0.34×75=25.50元

④合计:1 077.75+449.25+25.50=1 552.50元

2)普坚土掘苗,胸径10 cm以内

①人工费:8.47×75=635.25 元

②材料费:0.17×75=12.75 元

③机械费:0.20×75=15.00 元

④合计:635.25+12.75+15.00=663.00 元

3)裸根乔木客土(100×70),胸径 9~10 cm

①人工费:2.86×75=214.50 元

②材料费:0.55×75×5=206.25 元

③机械费:0.07×75=5.25 元

④合计:214.50+206.25+5.25=426.00 元

4)场外运苗,胸径 10 cm 以内

①人工费:4.72×75=354.00 元

②材料费:0.24×75=18.00 元

③机械费:7.00×75=525.00 元

④合计:354.00+18.00+525.00=897.00 元

5)旱柳材料费:75 株(胸径 9~10 cm)

28.8×75=2 160.00 元

6)综合

①直接工程费:1 552.50+663.00+426.00+897.00+2 160.00=5 698.50 元

其中人工费:1 077.75+635.25+214.50+354.00=2 281.50 元

②管理费:5 698.50×34%=1 937.49 元

③利润:5 698.50×8%=455.88 元

④小计:5 698.50+1 937.49+455.88=8 091.87 元

⑤综合单价:8 091.87÷75=107.89 元/株

(2)广玉兰(胸径 7~8 cm) 38 株

1)普坚土种植(胸径 7~8 cm)

①人工费:14.37×38=546.06 元

②材料费:5.99×38=227.62 元

③机械费:0.34×38=12.92 元

④合计:546.06+227.62+12.92=786.60 元

2)普坚土掘苗,胸径 10 cm 以内

①人工费:8.47×38=321.86 元

②材料费:0.17×38=6.46 元

③机械费:0.20×38=7.6 元

④合计:321.86+6.46+7.6=335.92 元

3)裸根乔木客土(100×70),胸径 9~10 cm

①人工费:2.86×38=108.68 元

②材料费:0.55×38×5＝104.50 元

③机械费:0.07×38＝2.66 元

④合计:108.68＋104.50＋2.66＝215.84 元

4)场外运苗,胸径 10 cm 以内

①人工费:4.72×38＝179.36 元

②材料费:0.24×38＝9.12 元

③机械费:7.00×38＝226 元

④合计:179.36＋9.12＋266＝454.48 元

5)广玉兰材料费:38 株(胸径 7～8 cm)

76.5×38＝2 907.00 元

6)综合

①直接工程费:786.60＋335.92＋215.84＋454.48＋2 907.00＝4 699.84 元

其中人工费:546.06＋321.86＋108.68＋179.36＝1 155.96 元

②管理费:4 699.84×34％＝1 597.95 元

③利润:4 699.84×8％＝375.99 元

④小计:4 699.84＋1 597.95＋375.99＝6 673.78 元

⑤综合单价:6 673.78÷38＝175.63 元/株

分部分项工程量单价分析表见表 3-1-1 ～表 3-1-3。

表 3-1-1　分部分项工程量清单与计价表

工程名称:某道路绿化带　　　　　　　　　标段:　　　　　　　　　第　页　共　页

序号	项目编码	项目名称	项目特征	计量单位	工程数	金额(元)	
						综合单价	合价
1	0501020010001	栽植乔木	旱柳,胸径 9～10 cm	株	75	107.89	8 091.87
2	0501020010002	栽植乔木	广玉兰,胸径 7～8 cm	株	38	175.63	6 673.78
小　计							14 765.65
合　计							14 765.65

注:根据《园林绿化工程工程量计算规范》(GB 50858—2013)规定,题中的栽植乔木的项目编号为
0501020001,计量单位为株,工程量计算规则是"设计图示数量计算"。

表 3-1-2　工程量清单综合单价分析表

工程名称:某道路绿化带　　　　　　　标段:　　　　　　　　　第　页　共　页

项目编码	050102001001		项目名称	栽植乔木		计量单位		株

清单综合单价组成明细

定额编号	定额名称	定额单位	数量	单价(元)				合价(元)			
				人工费	材料费	机械费	管理费和利润	人工费	材料费	机械费	管理费和利润
2-3	普坚土种植,胸径10 cm以内	株	1	14.37	5.99	0.34	8.69	14.37	5.99	0.34	8.69
3-1	普坚土掘苗,胸径10 cm以内	株	1	8.47	0.17	0.20	3.71	8.47	0.17	0.20	3.71
3-25	场外运苗,胸径10 cm以内	株	1	4.72	0.24	7.00	5.02	4.72	0.24	7.00	5.02
4-3	裸根乔木客土100×70,胸径9~10 cm	株	1	2.86	—	0.07	1.23	2.86	—	0.07	1.23
4703010	旱柳,胸径9~10 cm	株	1	—	28.80	—	12.10	—	28.80	—	12.10
人工单价		小计						30.42	35.20	7.61	30.75
30.81(元/工日)		未计价材料费						2.75			
清单项目综合单价								107.89			

材料费明细	主要材料名称、规格、型号	单价(元)	数量	单价(元)	合计(元)	暂估单价(元)	暂估合价(元)
	土	m³	0.55	5.00	2.75		
	其他材料费			—		—	
	材料费小计				2.75	—	

注:1.本表采用《某市建设工程预算定额》中的绿化工程定额及《某市建设工程材料预算价格》定额。

　　2.管理费采取34%,利润费采取8%。

　　3.根据《园林绿化工程工程量计算规范》(GB 50858—2013)规定,题中的栽植乔木的项目编号为0501020001,计量单位为株,工程量计算规则是"设计图示数量计算"。

表 3-1-3　工程量清单综合单价分析表

工程名称:某道路绿化带　　　　　　　　标段:　　　　　　　　第 页　共 页

项目编码	050102001002	项目名称		栽植乔木		计量单位		株
清单综合单价组成明细								
定额编号	定额名称	定额单位	数量	单价(元)				合价(元)			

定额编号	定额名称	定额单位	数量	人工费	材料费	机械费	管理费和利润	人工费	材料费	机械费	管理费和利润
2-3	普坚土种植,胸径10 cm 以内	株	1	14.37	5.99	0.34	8.69	14.37	5.99	0.34	8.69
3-1	普坚土掘苗,胸径10 cm 以内	株	1	8.47	0.17	0.20	3.71	8.47	0.17	0.20	3.71
3-25	场外运苗,胸径10 cm 以内	株	1	4.72	0.24	7.00	5.02	4.72	0.24	7.00	5.02
4-3	裸根乔木客土 100×70,胸径9～10 cm	株	1	2.86	—	0.07	1.23	2.86	—	0.07	1.23
4939001	阔辨玉兰,胸径10 cm 以内	株	1	—	76.50	—	32.13	—	76.50	—	32.13
人工单价			小计					30.42	35.20	7.61	30.75
30.81(元/工日)			未计价材料费					2.75			
清单项目综合单价								175.63			

材料费明细	主要材料名称、规格、型号		单价(元)	数量	单价(元)	合计(元)	暂估单价(元)	暂估合价(元)
	土		m³	0.55	5.00	2.75		
	其他材料费				—		—	
	材料费小计				—	2.75	—	

注:1. 本表采用《某市建设工程预算定额》中的绿化工程定额及《某市建设工程材料预算价格》定额。

2. 管理费采取 34%,利润费采取 8%。

3. 根据《园林绿化工程工程量计算规范》(GB 50858—2013)规定,题中的栽植乔木的项目编号为0501020001,计量单位为株,工程量计算规则是"设计图示数量计算"。

综合实例二

某公园场地种植示意图,如下图所示,栽植 5 株黄山栾(胸径 5.6～7 cm,高 4.0～5 m,球径 60 cm,定杆高 3～3.5 m),种植在 5 m×40 m 的弧形区域内,树下铺植草坪,养护乔木为半年。

(a)种植带　　　　(b)树池

某公园场地种植示意图(单位:mm)

【解】:

根据场地种植示意图计算可知:

(1)草坪的面积

$$S_{草}=S_{总}-S_{树池}=5×40-3.14×\left(\frac{1.3+0.12×2}{2}\right)^{2}×5=190.69 \text{ m}^2$$

(2)草坪铺植工程量

工程量=清单计价综合单价×$S_{草}$

(3)树池的工程量

$$V=(1.3+0.12)×3.14×0.06×0.12×5=0.16 \text{ m}^3$$

(4)植物栽植计算工程量

1)植物乔木=5 株

2)养护乔木=5×6=30 株

(5)栽植乔木费用

1)乔木材料费+人工费+其他材料费

乔木价格:160 元/株

人工费:50 元/工日

其他材料费:30 元

小计:160×5+50×1+30=880.00 元

2)乔木养护费用

每株每月养护×株数×月数=7×5×6=210 元

其中人工费 170 元,材料费 40 元。

3)合计:人工费 170＋50＝220.00 元/工日,材料费 160×5＋30＋40＝870.00 元

4)综合

①直接工程费:880＋210＝1 090.00 元

②管理费:1 090.00×34%＝370.60 元

③利润:1 090.00×8%＝87.20 元

④总计:1 090.00＋370.60＋87.20＝1 547.80 元

⑤综合单价:1 547.80÷5＝309.56 元/株

分部分项工程量清单与计价表见下表 3-2-1。

表 3-2-1　分部分项工程量清单与计价表

工程名称:某公园场地绿化带　　　　　　　　标段:　　　　　　　　第　页　共　页

序号	项目编码	项目名称	项目特征描述	计量单位	工程量	金额(元)	
						综合单价	合价
1	050102001001	栽植乔木	黄山栾,胸径 5.6～7 cm,高 4.0～5 m,球径 60 cm,养护期半年	株	5309.56	1 547.80	
小　计							1 547.80
合　计							1 547.80

注:根据《园林绿化工程工程量计算规范》(GB 50858—2013)规定,题中的栽植乔木的项目编号为
　　0501020001,计量单位为株,工程量计算规则是"设计图示数量计算"。

综合实例三

某广场园路,面积 144 m²,垫层厚度、宽度、材料种类:混凝土垫层宽 2.5 m,厚 120 mm。路面厚度、宽度、材料种类:水泥砖路面,宽 2.5 m。混凝土、砂浆强度等级:C20 混凝土垫层,M5 混合砂浆结合层。

【解】:

1.清单工程量

(1)园路土基,整理路床工程量为 144 m²

(2)基础垫层(混凝土)工程量为 144 m²

(3)预制水泥方格砖面层(浆垫)工程量为 144 m²

2.定额工程量

(1)园路土基,整理路床工程量为 144×0.3=43.20 m³(按 30 cm 厚计算)

1)人工费:6.18×43.20=266.98 元

2)机械费:0.74×43.20=31.97 元

3)合计:266.98+31.97=298.95 元

(2)基础垫层(混凝土)工程量 144×0.12=17.28 m³

1)人工费:38.13×17.28=658.89 元

2)材料费:126.48×17.28=2 185.57 元

3)机械费:11.56×17.28=199.76 元

4)合计:658.89+2 185.57+199.76=3 044.22 元

(3)预制水泥方格砖面层(浆垫)工程量为 144 m²

1)人工费:3.35×144=482.40 元

2)材料费:35.59×144=5 124.96 元

3)机械费:0.07×144=10.08 元

4)合计:482.40+5 124.96+10.08=5 617.44 元

(4)综合

1)直接工程费:298.95+3 044.22+5 617.44=8 960.61 元

2)管理费:8 960.61×34%=3 046.61 元

3)利润:8 960.61×8%=716.85 元

4)小计:8 960.61+3 046.61+716.85=12 724.07 元

5)综合单价:12 724.07÷144=88.36 元

其分部分项工程量清单与计价表及工程量清单综合单价分析表,见表 3-3-1 和表 3-3-2。

表 3-3-1　分部分项工程量清单与计价表

工程名称:某广场园路　　　　　　　标段:　　　　　　　　　第　页　共　页

序号	项目编码	项目名称	项目特征	计量单位	工程量	金额(元)	
						综合单价	合价
1	050201001001	园路	混凝土垫层宽2.5 m,厚 120 mm 水泥砖路面宽 2.5 m C20 混凝土垫层 M5 混合砂浆结合层	m²	144	88.36	12 724.07

续上表

序号	项目编码	项目名称	项目特征	计量单位	工程量	综合单价	合价
			小计				12 724.07
			合计				12 724.07

注:根据《园林绿化工程工程量计算规范》(GB 50858—2013)规定,题中园路的项目编码为 050201001,计量单位为 m²,工程量计算规则为"按设计图示尺寸以面积计算,不包括路牙"。

表 3-3-2　工程量清单综合单价分析表

工程名称:某广场园路　　　　　　　标段:　　　　　　　第　页　共　页

项目编码	050201001001		项目名称		园路		计量单位		m²

清单综合单价组成明细

定额编号	定额名称	定额单位	数量	单价(元)			合价(元)			
				人工费	材料费	机械费	人工费	材料费	机械费	管理费和利润
1-20	人工回填土,夯填	m³	0.3	6.18	—	0.74	1.85	—	0.22	0.87
2-5	垫层素混凝土	m³	0.12	38.13	126.48	11.56	4.58	15.18	1.39	8.88
2-11	水泥方格砖路面	m²	1	3.35	35.59	0.07	3.35	35.59	0.07	16.38
人工单价			小计				9.78	50.77	1.68	26.13
25.73(元/工日)			未计价材料费(元)							
清单项目综合单价(元)							88.36			

材料费明细	主要材料名称、规格、型号		单价(元)	数量	单价(元)	合计(元)	暂估单价(元)	暂估合价(元)
	水泥方格砖(50×250×250)		块	2 304	2.20	5 068.80	2.22	5 114.88
	其他材料费				—		—	
	材料费小计					5 068.80	—	5 114.88

注:根据《园林绿化工程工程量计算规范》(GB 50858—2013)规定,题中园路的项目编码为 050201001,计量单位为 m²,工程量计算规则为"按设计图示尺寸以面积计算,不包括路牙"。

综合实例四

某城市一公园步行木桥,桥面长 8 m,宽 2 m,桥板厚 30 mm,满铺平口对缝,采用木桩基础:原木梢径 80、长 6 m,共 17 根,横梁原木梢径 80、长 2 m,共 10 根,纵梁原木梢径 100、长 6 m,共 8 根。栏杆、栏杆柱、扶手、扫地杆、斜撑采用枋木 80 mm×80 mm(刨光),栏杆高 900 mm。全部采用杉木。

【解】:

根据施工图计算步行木桥工程量为 $8×2=16.00$ m²

投标人计算如下:

(1)原木桩工程量(查原木材料表)为 0.64 m³

1)人工费:$28×21.6×0.64=387.07$ 元

2)材料费:原木,$830×0.64=531.20$ 元

3)机械费:$18.21×0.64=11.65$ 元

4)合计:$387.07+531.20+11.65=929.92$ 元

(2)原木横、纵梁工程量(查原木材料表)为 0.472 m³

1)人工费:$28×8.91×0.472=117.75$ 元

2)材料费:原木,$830×0.472=391.76$ 元

扒钉,$3.5×20.6=72.10$ 元

小计,$391.76+72.10=463.86$ 元

3)合计:$117.75+463.86=581.61$ 元

(3)桥板工程量 5.415 m³,面积 16.00 m²

1)人工费:$28×5.85×16=2620.80$ 元

2)材料费:板材,$1200×5.415=6498.00$ 元

铁钉,$2.5×26=65.00$ 元

小计,$6498.00+65.00=6563.00$ 元

3)合计:$2620.80+6563.00=9183.80$ 元

(4)栏杆、扶手、扫地杆、斜撑工程量 0.24 m³,面积 1.33 m²

1)人工费:$28×4.94×1.33=183.97$ 元

2)材料费:板材,$1200×0.24=288.00$ 元

铁件,$3.5×7.5=26.25$ 元

小计,$288.00+26.25=314.25$ 元

3)合计:$183.97+314.25=498.22$ 元

(5)综合

1)直接工程费:$929.92+581.61+9183.80+498.22=11193.55$ 元

2)管理费:$11193.55×25\%=2798.39$ 元

3)利润:$11193.55×8\%=895.48$ 元

4)总计:$11193.55+2798.39+895.48=14887.42$ 元

5)综合单价:$14887.42÷16=930.46$ 元/m²

其分部分项工程量清单与计价表及工程量清单综合单价分析表,见表 3-4-1 和表 3-4-2。

表 3-4-1 分部分项工程量清单与计价表

工程名称:某公园步桥　　　　　　标段:　　　　　　　　　第　页　共　页

序号	项目编码	项目名称	项目特征	计量单位	工程量	金额（元）	
						综合单价	合价
1	050201016001	木制步桥	桥面长 m,宽 120 m,桥板厚 30mm	m²	16	930.46	14 887.42
小计							14 887.42
合计							14 887.42

注:根据《园林绿化工程工程量计算规范》(GB 50858—2013)规定,题中木制步桥的项目编码为050201014,计量单位为 m²,工程量计算规则为"按桥面板设计图示尺寸以面积计算"。

表 3-4-2 工程量清单综合单价分析表

工程名称:某公园步桥　　　　　　标段:　　　　　　　　　第　页　共　页

项目编码		050201016001		项目名称		木制步桥		计量单位			m²
					单价（元）			合价（元）			
定额编号	定额名称	定额单位	数量	人工费	材料费	机械费	人工费	材料费	机械费		管理费和利润
1-28	人工打原木桩	m³	0.04	604.80	830	18.21	24.19	33.20	0.73		19.18
7-80	木步桥构件制作	m³	0.030	249.47	982.75	—	7.48	29.48			12.20
7-83 7-86	木步桥桥面板制作安装并磨平	m²	1	163.8	410.19	—	163.8	410.19			189.42
7-87	木步桥花栏杆	m²	0.083	138.32	236.28	—	11.48	19.61	—		10.26
人工单价			小计				206.95	492.48	0.73		231.06
28(元/工日)			未计价材料费（元）				—				
清单项目综合单价（元）							930.46				
材料费明细	主要材料名称、规格、型号				单价（元）	数量	单价（元）	合计（元）	暂估单价（元）		暂估合价（元）
	木桩基础:原木梢径 φ80 长 6 m,共 17 根				m³	0.64	830 (元/m³)	531.2	—		—

续上表

项目编码	050201016001	项目名称	木制步桥		计量单位		m²

定额编号	定额名称	定额单位	数量	单价(元)			合价(元)			
				人工费	材料费	机械费	人工费	材料费	机械费	管理费和利润
材料费明细	主要材料名称、规格、型号			单价	数量		单价(元)	合计(元)	暂估单价(元)	暂估合价(元)
	横梁原木梢径 φ80、长 2 m,共 10 根　纵梁原木梢径 φ100、长 6 m,共 8 根			m³	0.472		830(元/m³)	391.76	—	—
	扒钉			kg	20.6		3.5(元/m³)	72.1	—	—
	桥板宽 2 m,桥板厚 30 mm			m³	2.415		1 200(元/m³)	2 898	—	—
	栏杆、栏杆柱、扶手、扫地杆、斜撑采用枋木 80 mm×80 mm(刨光)			m³	0.24		1 200(元/m³)	288.00	—	—
	铁件			kg	7.5		3.5(元/m³)	26.25	—	—
	其他材料费							—		
	材料费小计							4 207.31		

注:1. 管理费和利润取 33%。

2. 根据《园林绿化工程工程量计算规范》(GB 50858—2013)规定,题中木制步桥的项目编码为 050201014,计量单位为 m²,工程量计算规则为"按桥面板设计图示尺寸以面积计算"。

综合实例五

某广场绿地中山石雕塑示意图,如下图所示。

(a)立面图

注:两块假山石均为黄石材料。

(b)平面图

注:1号假山投影外接矩形为1.5 m×1.1 m。
　　2号假山投影外接矩形为0.9 m×0.7 m。

(c)底座剖面图

山石雕塑示意图(单位:mm)

【解】:

1.清单工程量

假山计算体积:

$$V_{计} = A_{矩} \cdot H_{大}$$

式中　$A_{矩}$——假山不规则平面轮廓的水平投影面积的最大外接矩形面积(m²);

　　　$H_{大}$——大假山石着地点至最高顶的垂直距离(m);

　　　$V_{计}$——叠成后的假山计算体积(m³)。

假山计算体积换算重量:

$$W_{重} = 2.6 \times V_{计} \times K_n$$

式中　$W_{重}$——假山石重量(t);

　　　2.6——石料密度(t/m³);

　　　K_n——H在1 m以内为0.77;H在1~2 m时为0.72;H在2~3 m时为0.653;

　　　　　 H在3~4 m时为0.60;H在4 m以上时为0.55。

(1)1号假山

根据假山雕塑立面图(a)和平面图(b)得:

$V_{计} = 1.5 \times 1.1 \times 0.3 = 0.50$ m³

$W_{重} = 2.6 \times 0.50 \times 0.77 = 1.001$ t

(2)2号假山

根据假山雕塑立面图(a)和平面图(b)得:

$V_{计}=0.9×0.7×(0.3+2.25)=1.61$ m³

$W_{重}=2.6×1.61×0.653=2.733$ t

堆砌石假山的工程量为：$W=1.001+2.733=3.734$ t

清单工程量计算表,见表 3-5-1。

表 3-5-1　清单工程量计算表

项目编号	项目名称	项目特征	计量单位	工程量
050202002001	堆砌石假山	1 号假山高 0.3 m,2 号假山高 2.55 m 假山基础为绿色花岗石贴面 20 mm 厚 1：2 水泥砂浆抹面,100 mm 厚 C15 素混凝土,80 mm厚碎石	t	3.734

注:根据《园林绿化工程工程量计算规范》(GB 50858—2013)规定,题中堆砌石假山的项目编码为 050301002,计量单位为 t,工程量计算规则为"按设计图示尺寸以质量计算"。

2.定额工程量

(1)1 号假山

定额工程量同清单工程量：$W_{重}=1.001$ t,高度 0.3 m

1)人工费:123.23×1.001=123.35 元

2)材料费:50.38×1.001=50.43 元

3)机械费:0.33×1.001=0.33 元

4)小计:123.35+50.43+0.33=174.11 元

(2)2 号假山

定额工程量同清单工程量：$W_{重}=2.733$ t,高为 2.55 m

1)人工费:215.57×2.733=589.15 元

2)材料费:96.98×2.733=265.05 元

3)机械费:0.49×2.733=1.34 元

4)小计:589.15+265.05+1.34=855.54 元

(3)80 mm 厚碎石

由假山雕塑底座剖面图(c)和平面图(b)得：

$V=Sh=2×1.5×0.08=0.24$ m³

定额工程量为:0.24÷10=0.024 (10 m³)

1)人工费:203.73×0.024=4.89 元

2)材料费:672.61×0.024=16.14 元

3)机械费:32.86×0.024=0.79 元

4)小计:4.89+16.14+0.79=21.82 元

(4)100 mm 厚 C15 素混凝土

由假山雕塑底座剖面图(c)和平面图(b)得：

$V=Sh=2×1.5×0.1=0.3$ m³

定额工程量为:0.3÷10=0.03 (10 m³)

1)人工费:142.50×0.03=4.28元

2)材料费:1 648.33×0.03=49.45元

3)小计:4.28+49.45=53.73元

(5)20 mm厚水泥砂浆抹面

$S=2×1.5=3$ m²

定额工程量为3÷100=0.03（100 m²）

1)人工费:256.75×0.03=7.70元

2)材料费:380.70×0.03=11.42元

3)机械费:24.15×0.03=0.72元

4)小计:7.70+11.42+0.72=19.84元

(6)绿色花岗石贴面

$S=(2+1.5)×2×0.3=2.1$ m²

定额工程量:2.1÷100=0.021（100 m²）

1)人工费:638.00×0.021=13.40元

2)材料费:8 573.32×0.021=180.04元

3)机械费:19.83×0.021=0.42元

4)小计:13.40+180.04+0.42=193.86元

3.综合单价计算

(1)合计:174.11+855.54+21.82+53.73+19.84+193.86=1 318.90元

(2)综合单价:1 318.90÷3.734=353.21元

分部分项工程量清单与计价表,见表3-5-2。

表3-5-2　分部分项工程量清单与计价表

工程名称:某广场绿地　　　　　　　标段　　　　　　　第　页　共　页

序号	项目编码	项目名称	项目特征特征描述	计量单位	工程数	金额（元）	
						综合单价	合价
1	050202002001	堆砌石假山	1号假山高0.3 m,2号假山高2.55 m　假山基础为绿色花岗石贴面　20 mm厚1:2水泥砂浆抹面,100 mm厚C15素混凝土,80 mm厚碎石	t	3.734	353.21	1 318.90
			小　　计				1 318.90
			合　　计				1 318.90

注:根据《园林绿化工程工程量计算规范》(GB 50858—2013)规定,题中堆砌石假山的项目编码为050301002,计量单位为t,工程量计算规则为"按设计图示尺寸以质量计算"。

综合实例六

某小区公共活动绿地总平面图，如图3-6-1所示，该绿地由广场、亭子、水池、花坛等景观设施组成，满足各项娱乐活动。

图3-6-1 绿地总平面图

【解】:

1.整理绿化用地

(1)清单工程量计算

$S=长×宽=56.00×37.40=2\,094.40\text{ m}^2$

(2)定额工程量计算

计算规则同工程量清单计算规则。

则有:整理绿化用地工程量为 $2\,094.40\text{ m}^2=209.44(10\text{ m}^2)$

2.铺种草皮

(1)清单工程量计算

$S=整理绿化用地\,S_1-广场道路用地面积\,S_2-绿篱用地\,S_3-灌木丛用地\,S_4$

$S_1=2\,094.40\text{ m}^2$

由绿地总平面图 3-6-1 得广场示意图,如图 3-6-2 所示。

(a)G_1广场1示意图   (b)G_2广场2示意图

(c)G_3广场示意图

图 3-6-2 广场示意图(单位:mm)

由广场示意图知:

$S_{G_1}=(18+9)×(9+12)-(9×7.6+9×14)=27×21-(68.4+126)=372.60\text{ m}^2$

$S_{G_2}=20×7.8=156.00\text{ m}^2$

$S_{G_3}=18×19-2.7×4×\dfrac{1}{2}×2=331.20\text{ m}^2$

$S_G=S_{G_1}+S_{G_2}+S_{G_3}=372.60+156.00+331.20=859.80\text{ m}^2$

由绿地总平面图 3-6-1 得道路示意图,如图 3-6-3 所示。

由示意图知:

$S_{D_1}=24.68×2.7=66.64\text{ m}^2$

(a)D₁道路1示意图　　　　(b)D₂道路2示意图

(c)D₃道路3示意图　　　　(d)D₄道路4示意图

图 3-6-3　道路示意图(单位:mm)

$S_{D_2}=10.37\times2.7=28.00 \text{ m}^2$

$S_{D_3}=5\times2.8=14.00 \text{ m}^2$

$S_{D_4}=6.6\times2.8=18.48 \text{ m}^2$

$S_D=S_{D_1}+S_{D_2}+S_{D_3}+S_{D_4}=66.64+28.00+14.00+18.48=127.12 \text{ m}^2$

$S_2=S_G+S_D=859.80+127.12=986.92 \text{ m}^2$

由绿地平面图 3-6-1 得绿篱示意图,如图 3-6-4 所示。

(a)L₁绿篱1示意图　　　　(b)L₂绿篱2示意图

图 3-6-4　绿篱示意图(单位:mm)

由示意图知:

$S_{L_1}=37\times1.2=44.40 \text{ m}^2$

$S_{L_2}=23.8\times1.2+(10-1.2)\times1.2=28.56+10.56=39.12 \text{ m}^2$

$S_3=S_{L_1}+S_{L_2}=44.40+39.12=83.52 \text{ m}^2$

表 3-6-1　植物种植表

序号	名称	规格	单位	数量
1	银杏	胸径 13 cm	株	4
2	香樟	胸径 10 cm	株	9
3	泡桐	胸径 15 cm	株	5
4	国槐	胸径 15 cm	株	6
5	南京栾树	胸径 10 cm	株	10
6	桂花	胸径 8 cm,高 1.5 m	株	7

续上表

序号	名称	规格	单位	数量
7	大叶女贞	胸径 7 cm,冠径 2.0 m 以上,枝下高 2.3 m 以上	株	18
8	含笑	高 1.2 m,胸径 6 cm	株	13
9	冷杉	胸径 10 cm,高 3 m	株	5
10	紫荆	胸径 6 cm,高 1.5 m,多分枝	株	5
11	淡竹	每枝 2 m 以上,43 株	m²	26.40
12	火棘	高 0.8 m,200 株	m	70.20
13	棣棠	高 0.8 m,120 株	m²	51.60
14	蔷薇	2 年生,130 株	m²	52.70
15	迎春花	1 年生,20 株	m²	6.36
16	月季	1 年生,25 株	m²	8.64
17	高羊茅		m²	

由植物种植表3-6-1得,

棣棠灌木丛面积为 51.60 m²,蔷薇灌木丛面积为 52.70 m²。

$S_4 = 51.60 + 52.70 = 104.30 \text{ m}^2$

铺种草皮的工程量为:

$S = S_1 - S_2 - S_3 - S_4 = 2\ 094.40 - 986.92 - 83.52 - 104.30 = 919.66 \text{ m}^2$

(2)定额工程量计算

计算规则同工程量清单计算规则。则有,铺种草皮的面积为 919.66 m² = 91.97(10 m²)。

分部分项工程量清单与计价表见表3-6-2,工程量清单综合单价分析表见表3-6-3和表3-6-4。

表 3-6-2　分部分项工程量清单与计价表

工程名称:某道路绿化带　　　　　　标段:　　　　　　　　第　页　共　页

序号	项目编码	项目名称	项目特征特征描述	计量单位	工程数	金额(元)	
						综合单价	合价
1	050101006001	整理绿化用地	普坚土种植	m²	2 094.40	1.67	3 497.65
2	050102010001	铺种草皮	高羊茅,草坪铺种为满铺	m²	919.66	7.56	6 952.63
		小　计					10 450.28
		合　计					10 450.28

注:1.根据《园林绿化工程工程量计算规范》(GB 50858—2013)规定,题中整理绿化用地的项目编码为 050101010,计量单位为 m²,工程量计算规则为"按设计图示尺寸以面积计算"。

　　2.根据《园林绿化工程工程量计算规范》(GB 50858—2013)规定,题中铺种草皮的项目编码为 050102012,计量单位为 m²,工程量计算规则为"按设计图示尺寸以绿化投影面积计算"。

表 3-6-3　工程量清单综合单价分析表

工程名称:某小区绿地　　　　　标段:　　　　　　　　　第　页　共　页

项目编码	050101006001	项目名称	整理绿化用地	计量单位	m²

清单综合单价组成明细

定额编号	定额名称	定额单位	数量	单价(元)				合价(元)			
				人工费	材料费	机械费	管理费和利润	人工费	材料费	机械费	管理费和利润
EG0001	整理绿化用地	10 m²	0.1	14.03	—	—	2.67	1.40	—	—	0.27

人工单价		小计				1.40	—	—	0.27
28.00(元/工日)		未计价材料费							
清单项目综合单价							1.67		

材料费明细	主要材料名称、规格、型号	单价(元)	数量	单价(元)	合计(元)	暂估单价(元)	暂估合价(元)
	其他材料费				—		—
	材料费小计				—	—	—

注:1.管理费取 12%,利润费取 7%。

　　2.根据《园林绿化工程工程量计算规范》(GB 50858—2013)规定,题中整理绿化用地的项目编码为 050101010,计量单位为 m²,工程量计算规则为"按设计图示尺寸以面积计算"。

表 3-6-4　工程量清单综合单价分析表

工程名称:某小区绿地　　　　　标段:　　　　　　　　　第　页　共　页

项目编码	050102010001	项目名称	铺种草皮	计量单位	m²

清单综合单价组成明细

定额编号	定额名称	定额单位	数量	单价(元)				合价(元)			
				人工费	材料费	机械费	管理费和利润	人工费	材料费	机械费	管理费和利润
EG0137	铺种草皮(铺满)	10 m²	0.1	51.80	8.55	—	11.47	5.18	0.86	—	1.15

人工单价		小计				5.18	0.86	—	1.15
28.00(元/工日)		未计价材料费						0.37	
清单项目综合单价							7.56		

材料费明细	主要材料名称、规格、型号	单位	数量	单价(元)	合计(元)	暂估单价(元)	暂估合价(元)
	高羊茅	m²	0.100	3.70	0.37		
	其他材料费			—	—		—
	材料费小计			—	0.37	—	—

注:1.管理费取 12%,利润费取 7%。

　　2.根据《园林绿化工程工程量计算规范》(GB 50858—2013)规定,题中铺种草皮的项目编码为 050102012,计量单位为 m²,工程量计算规则为"按设计图示尺寸以绿化投影面积计算"。

综合实例七

某小区凉亭示意图,如图 3-7-1~图 3-7-4 所示。

图 3-7-1 凉亭平面图(单位:mm)

图 3-7-2 凉亭立面图(单位:mm)

图 3-7-3 1-1 剖面图(单位:mm)

图 3-7-4　亭顶平面图(单位:mm)

【解】:

1. 木梁

(1)清单工程量计算

由亭顶平面图 3-7-4 及亭立面图 3-7-2 得:

木梁的工程量 $V = V_{斜构架} + V_{四周防腐木架} + V_{梁}$

$$V_{斜构架} = 0.16 \times 0.05 \times \sqrt{\left(\frac{\sqrt{2} \times 4.6}{2}\right)^2 + (1.3+0.1)^2} \times 4 = 0.11 \text{ m}^3$$

$$V_{四周防腐木架} = 0.12 \times 0.12 \times (0.9+1.8+2.8) \times 4 = 0.32 \text{ m}^3$$

$$V_{梁} = 0.2 \times 0.15 \times 3 \times 4 = 0.36 \text{ m}^3$$

$$V = 0.11 + 0.32 + 0.36 = 0.79 \text{ m}^3$$

(2)定额工程量计算

计算规则同清单工程量计算规则,则有:

木梁工程量为 $V = 0.79 \text{ m}^3$

2. 木柱

(1)工程量清单计算

由亭顶平面图 3-7-4 及亭立面图 3-7-2 得:

$$木柱工程量 V = V_{直木柱} + V_{柱上防腐木}$$

$$V_{直木柱} = 0.45 \times 0.2 \times 0.05 \times 4 = 0.02 \text{ m}^3$$

$$V_{柱上防腐木} = 3.14 \times 0.15^2 \times 0.15 = 0.01 \text{ m}^3$$

$$V = 0.02 + 0.01 = 0.03 \text{ m}^3$$

(2)定额工程量计算

1)直木柱:定额工程量为 0.02 m^3

2)柱上防腐木:定额工程量为 0.01 m^3

分部分项工程量清单与计价表见表 3-7-1,工程量清单综合单价分析表见表 3-7-2 和表 3-7-3。

表 3-7-1　分部分项工程量清单与计价表

工程名称:某小区凉亭　　　　　　　　标段:　　　　　　　　　　第 页　共 页

序号	项目编码	项目名称	项目特征	计量单位	工程数	金额(元)	
						综合单价	合价
1	010503002001	木梁	亭屋面工程,包括斜构架防腐木梁,截面 160 mm×50 mm,四周防腐木架截面尺寸为 120 mm×120 mm,木梁截面尺寸为 200 mm×150 mm	m³	0.79	1 741.17	1 375.52
2	010503001001	木柱	亭工程,包括直木柱截面尺寸为 200 mm×50 mm,柱上防腐木,半径 150 mm	m³	0.03	1 274.49	38.23
			小　计				1 413.75
			合　计				1 413.75

注:在《园林绿化工程工程计算规范》(GB 50858—2013)中该木梁、木柱属于"原木(带树皮)柱、梁、檩、椽",其项目编号为 050302001,计量单位为 m,工程量计算规则为"按设计图示尺寸以长度计算(包括榫长)"。

表 3-7-2　工程量清单综合单价分析表

工程名称:某小区凉亭　　　　　　　　标段:　　　　　　　　　　第 页　共 页

项目编码	010503002001		项目名称	木梁		计量单位		m³
清单综合单价组成明细								
定额编号	定额名称	定额单位	数量	单价(元)				合价(元)
				人工费	材料费	机械费	管理费和利润	人工费

定额编号	定额名称	定额单位	数量	单价(元)				合价(元)			
				人工费	材料费	机械费	管理费和利润	人工费	材料费	机械费	管理费和利润
AH0120	方木梁(周长 1 m 以内)	m³	1	519.00	944.17	—	278.00	519.00	944.17	—	278.00
人工单价		小计						519.00	944.17	—	278.00
25.00(元/工日)		未计价材料费						—			
清单项目综合单价								1 741.17			

续上表

项目编码	010503002001	项目名称	木梁	计量单位		m³
清单综合单价组成明细						

	主要材料名称、规格、型号	单价	数量	单价（元）	合计（元）	暂估单价(元)	暂估合价(元)
材料费明细	锯材	m³	1.100	850.00	935.00		
	铁件	kg	0.500	4.00	2.00		
	其他材料费			—	7.17		
	材料费小计			—	944.17		

注：1. 管理费取 12％，利润费 7％。

　　2. 在《园林绿化工程工程计算规范》(GB 50858—2013)中该木梁、木柱属于"原木(带树皮)柱、梁、檩、椽"，其项目编号为 050302001，计量单位为 m，工程量计算规则为"按设计图示尺寸以长度计算(包括榫长)"。

表 3-7-3　工程量清单综合单价分析表

工程名称：某小区凉亭　　　　　　标段：　　　　　　　　第　页　共　页

项目编码	010503001001	项目名称	木柱	计量单位	m³
清单综合单价组成明细					

定额编号	定额名称	定额单位	数量	单价（元）				合价（元）			
				人工费	材料费	机械费	管理费和利润	人工费	材料费	机械费	管理费和利润
AH0117	直木桩	m³	0.667	161.25	1 008.10	—	222.17	107.55	672.40	—	148.19
AH0116	圆木桩	m³	0.333	181.25	692.75	—	166.06	60.36	230.69	—	55.30
人工单价			小计					167.91	903.09	—	203.49
25.00(元/工日)			未计价材料费					—			
清单项目综合单价								1 274.49			

	主要材料名称、规格、型号	单价	数量	单价（元）	合计（元）	暂估单价(元)	暂估合价(元)
材料费明细	锯材	m³	1.06246	850.00	903.09		
	其他材料费			—	—		
	材料费小计			—	903.09		

注：1. 管理费取 12％，利润费取 7％。

　　2. 在《园林绿化工程工程计算规范》(GB 50858—2013)中该木梁、木柱属于"原木(带树皮)柱、梁、檩、椽"，其项目编号为 050302001，计量单位为 m，工程量计算规则为"按设计图示尺寸以长度计算(包括榫长)"。

综合实例八

某学校两座花坛座凳示意图,如图 3-8-1～图 3-8-3 所示。

图 3-8-1　花坛座凳平面图(单位:mm)

图 3-8-2　花坛座凳立面图(单位:mm)

图 3-8-3　花坛座凳剖面图(单位:mm)

【解】:

(1)清单工程量计算

由花坛座凳平面图 3-8-1、立面图 3-8-2 及剖面图 3-8-3 得:

$V=[0.15\times(1+0.3)+(0.15+0.1\times2)\times0.1+(0.15+0.1\times4)\times0.1]\times(1.5\times2+1.2\times2)\times3\times2=9.23$ m³

(2)定额工程量计算

1)挖沟槽

由花坛座凳平面图 3-8-1、剖面图 3-8-3 得,挖沟槽体积为(砖基础每侧工作面宽 0.2 m):

$V=S\cdot L_{总}$

$L=(1.5\times2+1.2\times2)\times2=5.4$ m

$L_{总}=5.4\times3\times2=32.4$ m

$S=(0.75+0.2\times2)\times0.6=(0.75+0.4)\times0.6=0.69$ m²

$V=0.69\times32.4=22.36$ m³

定额工程量为 22.36÷100=0.22 (100 m³)

2)素土夯实

由花坛座凳剖面图 3-8-3 得,素土夯实面积为:

$S=(a+2c)\times L_{总}=(0.75+0.2\times2)\times32.4=37.26$ m²

定额工程量为 37.26÷100=0.37 (100 m²)

3)3:7 灰土基础

由花坛座凳剖面图 3-8-3 得,3:7 灰土基础的体积为:

$V=a\cdot L_{总}\cdot h=0.75\times32.4\times0.1=2.43$ m³

定额工程量为 2.43÷1=2.43 m³

4)人工回填土

由花坛座凳平面图 3-8-1 和剖面图 3-8-3 得,人工回填土体积为:

$V=$挖沟槽体积 $V1-3:7$ 灰土基础体积 V_2-花坛埋入地下部分的砖砌体体积 V_3

$V_1=22.36$ m³

$V_2=2.43$ m³

$V_3=[0.15\times0.3+(0.15+0.1\times2)\times0.1+(0.15+0.1\times4)\times0.1]\times L_{总}=4.37$ m³

$V=V_1-V_2-V_3=22.36-2.43-4.37=15.56$ m³

定额工程量为 15.56÷100=0.16 (100 m³)

注:回填土为夯填,密实度达 95% 以上。

5)花坛砖砌基础

同清单工程量计算规则得花坛砖砌基础体积为:$V=9.23$ m³

定额工程量为 9.23÷1=9.23 m³

6)10 mm 厚水泥砂浆

由花坛座椅平面图 3-8-1、立面图 3-8-2 和剖面图 3-8-3 得,10 mm 厚水泥砂浆的面积为:

$S=[0.15\times(1.5\times2+1.2\times2)+1.5\times1\times4+1.2\times1\times4]\times3\times2=69.66$ m²

定额工程量为 69.66÷100＝0.70（100 m²）

7）花坛上贴绿色面砖

由花坛座椅平面图 3-8-1、立面图 3-8-2 和剖面图 3-8-3 得，绿色面砖的贴面面积为：

$$S＝[0.15×(1.5×2＋1.2×2)＋1.5×1×4]×3×2＝40.86 \text{ m}^2$$

定额工程量为 40.86÷100＝0.41（100 m²）

水泥砂浆粘贴，灰缝 5 mm。

分部分项工程量清单与计价表见表 3-8-1，工程量清单综合单价分析表见表 3-8-2。

表 3-8-1 分部分项工程量清单与计价表

工程名称：某学校花坛 　　　　　　　标段： 　　　　　　　　　　第　页　共　页

序号	项目编码	项目名称	项目特征描述	计量单位	工程数	金额（元）	
						综合单价	合价
1	050306009001	砖石砌小摆设	花坛座椅工程，花坛砖砌体上贴绿色面砖，基础为二层砖砌大放脚，3：7 灰土垫层，100 mm厚素土夯实	m³	9.23	734.89	6 783.03
			小计				6 783.03
			合计				6 783.03

注：根据《园林绿化工程工程量计算规范》（GB 50858—2013）规定，题中砖石砌小摆设的项目编码为 050307018，计量单位为个/m³，工程量计算规则为"1. 以立方米计量，按设计图示尺寸以体积计算；2. 以个计量，按设计图示尺寸以数量计算"。

表 3-8-2 工程量清单综合单价分析表

工程名称：某学校花坛 　　　　　　　标段： 　　　　　　　　　　第　页　共　页

项目编码	050306009001	项目名称	砖石砌小摆设	计量单位		m³	
清单综合单价组成明细							
定额编号	定额名称	定额单位	数量	单价（元）				合价（元）			
				人工费	材料费	机械费	管理费和利润	人工费	材料费	机械费	管理费和利润
AA0003	人工挖沟槽土方	100 m³	0.024	1 482.36	—		281.65	35.58	—		6.76
AA0023	素土夯实	100 m²	0.040	31.24	—	12.57	8.33	1.25	—	0.50	0.33
3-493	3：7 灰土基础	m³	0.263	37.00	64.97	1.60	19.68	9.73	17.09	0.42	5.18

续上表

项目编码	050306009001	项目名称		砖石砌小摆设		计量单位		m³

清单综合单价组成明细

定额编号	定额名称	定额单位	数量	单价（元）				合价（元）			
				人工费	材料费	机械费	管理费和利润	人工费	材料费	机械费	管理费和利润
AA0018	人工回填土	100 m²	0.017	646.80	3.10	179.15	157.52	11.00	0.05	3.05	2.68
EH0101	花坛砖砌基础	m³	1	126.03	121.66	1.32	47.31	126.03	121.66	1.32	47.31
AL0001	水泥砂浆砖墙（10 mm厚）	100 m²	0.076	362.25	333.36	22.42	136.43	27.53	25.34	1.70	10.37
AL0094	花坛上贴绿色砖（水泥砂浆粘贴，灰缝5 mm）	100 m²	0.044	2 183.00	3 138.83	25.87	1 016.06	96.05	138.11	1.14	44.71
人工单价			小计					307.17	302.25	8.13	117.34
22.00/25.00/28.00（元/工日）			未计价材料费					—			
清单项目综合单价								734.89			

材料费明细	主要材料名称、规格、型号	单位	数量	单价（元）	合计（元）	暂估单价（元）	暂估合价（元）
	锯材	m³	0.000 4	850.00	0.34		
	3：7灰土	m³	0.265 6	63.51	16.87		
	水	m³	0.053	4.10	0.22		
	水泥砂浆 M5	m³	0.250	102.58	25.65		
	标准砖 240 mm×115 mm×53 mm	千块	0.530	180.00	95.40		
	水泥砂浆 1：1	m³	0.004	244.13	0.98		
	水泥砂浆 1：1.5	m³	0.039	203.97	7.95		
	水泥砂浆 1：3	m³	0.196 7	137.09	26.97		
	建筑胶	kg	0.19	1.80	0.34		
	黏结剂	kg	0.712	3.50	2.49		
	水泥砂浆 1：2.5	m³	0.052	153.08	2.96		
	水	m³	0.139	2.00	0.28		
	外墙面砖	m²	4.62	25.00	115.50		

续上表

项目编码	050306009001	项目名称	砖石砌小摆设	计量单位	m³
清单综合单价组成明细					
材料费明细	其他材料费		—	1.09	—
	材料费小计		—	302.04	—

注:根据《园林绿化工程工程量计算规范》(GB 50858—2013)规定,题中砖石砌小摆设的项目编码为050307018,计量单位为个/m³,工程量计算规则为"1. 以立方米计量,按设计图示尺寸以体积计算;2. 以个计量,按设计图示尺寸以数量计算"。

参 考 文 献

[1]中华人民共和国住房和城乡建设部,中华人民共和国国家质量监督检验检疫总局.GB 50500—2013 建设工程工程量清单计价规范[S].北京:中国计划出版社,2013.

[2]陈楠.园林工程预决算[M].武汉:华中科技大学出版社,2012.

[3]丛日晨,李连龙.园林工程概预算实例问答[M].北京:机械工业出版社,2007.

[4]中华人民共和国建设部.GB/T 50353—2005 建筑工程建筑面积计算规范[S].北京:中国计划出版社, 2005.

[5]董三孝.园林工程概预算与施工组织管理[M].北京:中国林业出版社,2003.

[6]中国建设工程造价管理协会.建设工程造价管理理论与实物(一)[M].北京:中国计划出版社,2007.

[7]鲁敏,刘佳,高凯.园林工程概预算及工程量清单计价[M].北京:化学工业出版社,2008.

[8]朱维益.市政与园林工程预决算[M].北京:中国建材工业出版社,2004.

[9]杜贵成.园林绿化工程造价细节解析与示例[M].北京:机械工业出版社,2008.

[10]左新红,张国喜.图解园林绿化工程清单与定额对照计算手册[M].北京:机械工业出版社,2009.

[11]中华人民共和国住房和城乡建设部,中华人民共和国国家质量监督检验检疫总局.GB 50858—2013 园林绿化工程工程量计算规范[S].北京:中国计划出版社,2013.